专家写给初学者的园艺技巧

日本FG武藏 编

袁光 等译

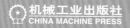

机械工业出版社
CHINA MACHINE PRESS

目录 Contents

木心
田口裕之园艺师

月季之家
木村卓功园艺师

EXTERIOR 风雅舍
加地一雅园艺师

上野农场
上野砂由纪园艺师

铃木造园土木
铃木武士园艺师

丰田花园　园艺博物馆花游庭
天野麻里绘园艺师

空间创造工坊　工艺师朴
有福创园艺师

花工坊拉拉俱乐部
栗田启园艺师

"周末＋瓢虫"（Weekend's+Ladybirds）
数见牧子园艺师
富崎启子园艺师

Innocent Garden（纯臻花园）
川锅正人园艺师

DOIT 花木与野店
柳下和之园艺师

GARDEN SOIL（花园净土）
田口勇园艺师
片冈邦子园艺师

河野自然园（球根屋 .com）
井上真由美园艺师

Wonderful Garden expressions for this spring

让花园变得光彩照人！

更上档次地搭配花草的好方法！

很多人都为不知该如何搭配花园里的花草而倍感苦恼。

本书会为苦于"花园看起来不上档次"、

不知"怎样栽种花草才能让花园看上去更美观"的朋友们献计献策，

助您拥有美丽的花园。

Flower

Making Improvements

打造令人羡慕的样板花园的设计方案

您可以把理想中的花园作为参考样本来指导实践！下文会为您介绍人气花园的美景布局，以及园艺专家们的庭栽设计方案。

横滨英式花园

色彩柔和的花卉和轻盈的绿草联合打造的印象派花园

图为直立性月季和如茵的芳草组合而成的花境。月季、松果菊、西洋蓍草等色泽古雅的花卉配上细茎针茅、兔尾草等随风摆动的绿草，可以提升花园柔美灵动的质感。

神奈川县横滨市西区西平沼町6-1 tvk ecom park内
☎ 045-326-3670

arrangement

planted flowers

ⓐ 月季"莫雷诺"　　ⓓ 西洋蓍草"桃色诱惑"　　ⓖ 月季"布朗尼"

ⓑ 松果菊"果酱"　　ⓔ 兔尾草　　ⓗ 矢车菊"黑球"

ⓒ 月季"茶色虎"　　ⓕ 细茎针茅　　ⓘ 月季"沙宣"

Yokohama English Garden

京王设计花园 ANGE

跃动的爬藤植物和稳重的芳草构成了平衡感极佳的画面

图中的立体花园能够清晰地展现花草的样貌。纤细簇生的花朵在花坛中茂盛地绽放着，充满了浓郁的天然野韵。前排数丛繁星花看上去十分稳定。色彩丰富的红白花朵与花坛中的花朵搭配得十分融洽而自然。

东京都调布市多摩川 4-38
☎ 042-480-2833

arrangement

planted flowers

a 缘毛过路黄 "爆竹"
b 欧石南 "艾伯蒂尼亚"
c 一串红
d 金鱼草
e 龙面花

f 繁星花（白）
g 繁星花（红）
h 繁星花（紫）
i 繁星花（浅粉）
j 繁星花（深粉）

k 长春花
l 铁线莲 "国王之梦"
m 铁线莲 "格拉夫泰丽"

GARDEN SOIL
（花园净土）

浓绿色的植物把白色和紫色
花朵的简单搭配衬托得更加醒目

在绿意融融的季节，色泽明丽的白月季像波点一样华美地浮动在绿叶丛中，挺拔而立的林地鼠尾草让花园看上去更加活泼灵动。色彩的反差，点和线勾勒出剪影画般的效果，展现出了醒目的美感。草木间石青色的摆设物给园中景色增添了高雅的情趣。

长野县须坂市野边大字 581-1
☎ 026-215-2080

planted flowers

- **a** 林地鼠尾草 "罗森魏因（Rosenwein）"
- **b** 月季 "潘妮洛普"
- **c** 白毛核木
- **d** 玉簪
- **e** 丹参
- **f** 香忍冬 "格雷厄姆·托马斯"
- **g** 月季 "大喜之日"

arrangement

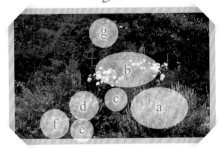

GARDEN SOIL

花卉黑田园艺

色彩斑斓的观叶植物组合也能把犄角旯旮装点得活色生香

在用凹凸不平的石头垒砌的小花坛中，满满地种上形色各异的观叶植物，这样就能打造出一个五颜六色的园艺角来。栽种时要注意相邻叶片的明暗度、大小差别等问题，让它们错落有致、熠熠生辉地簇生在一起。可以以星花轮峰菊为中心进行播种，矾根、藿香等藤蔓舒展的植物能让花坛看上去更富有层次感。

埼玉县埼玉市中央区圆阿弥 1-3-9
☎ 048-853-4547

arrangement

planted flowers

ⓐ 大叶蓝珠草 "白霜"　　　ⓔ 金边大花六道木 "万花筒"　　　ⓘ 蹄盖蕨

ⓑ 矾根 "法式焦糖炖蛋"　　ⓕ 星芒松虫草 "鼓槌"　　　　　ⓙ 升麻 "棕色女人"

ⓒ 圆扇八宝　　　　　　　ⓖ 铜叶藿香

ⓓ 野草莓　　　　　　　　ⓗ 矾根 "莱姆里基"

3位专家亲传 高品质花草搭配技巧

怎样搭配花色、怎样提高花草组合的立体效果、
怎样把控整体的布局平衡……
专家们在种植花草时都会注意哪些问题呢？
怎样塑造出个性鲜明的庭栽风格？
下文将以3位园艺师打造的花园为例，
讲解日常打理花园时的花草搭配要义，
为您提供有助于提升花园档次的好建议。

Sayuki Ueno

Kazumasa Koji

Hajime Arifuku

上野农场

ueno farm

上野砂由纪
园艺师

profile

她主张打造北海道特有的北海道风情花园。"上野农场"（北海道旭川市）、梦幻"风之花园"（北海道富良野市）等舞台般的花园设计都是她的杰作。她还参加过"大雪森林花园"（北海道上川町）的设计活动。

{ 搭配花草时的注意事项 }

根据花期进行栽种

上野农场有很多宿根植物。即便不更换花苗，为了打造花开四季的美丽园艺角，也要了解各类花草的花期。花期相同的花草在组合栽种时，要考虑到花色的平衡、花朵的大小、相互衬托时的样态，由远及近地调整株高，注意栽种的平衡。

根据空间调整植株间距

要根据植株长大后的高度设计花园布局，这一点是非常重要的。如果在狭窄的空间里栽种高大的植物，空间就会失去平衡感。要考虑整体面积和季节配置的平衡。这样一来，即便是小花园也能展现花开四季的美好。

确定花园的主角与配角

在确认花期、花色、株高之后，要列出备选品种的花名册。再像挑选演员一样确定花卉的主角和配角。这样花园就能像舞台一样，充满抑扬顿挫的效果。
【主角花卉提名】月季、大丽花、百合等一枝花也能惊艳全场的花卉。
【配角花卉提名】山桃草、柔毛羽衣草"罗巴斯塔"、紫盆花等充满天然风情的小花。
如能考虑到配角花卉的形态，就能设计出更加有趣的花草组合。比如，如能巧妙地安排浑圆的大花葱、活泼动感的落新妇、葱茏的天竺葵等个性十足的配角，花园就会变得更加多姿多彩。

把路旁的花草按植株高度划分成3个层次，突显勃勃的生机

在设计路径的布局时，应由近及远地把植物按 50cm、100cm、150cm 等高度排序并栽种，这样才能看到各种花卉的芳容。要把像雄黄兰一样花前叶形优美，花后植株整齐的花卉种在离自己近的地方。图片是 8 月初的花园，8 月中旬绽放的福禄考能让人一直观赏到夏末。栽种花期先后有序的花卉能让您随时观赏到群芳争艳的美景。

花名册

金线草、宿根金光菊"金色风暴"、萱草、重瓣肥皂草、赛菊芋、藿香、北美腹水草、千屈菜、毛蕊花"十六支蜡烛"等

Flower arrangement Sense up technique

用芳姿各异的白色花朵打造白色花园

用白色花卉装扮的花园虽然缺乏色彩上的变化，但如能在株高、花形、绽放特征等方面多多用心，便也能制造出让人倍感惊喜的效果。比如，蓬松的美国薄荷，花朵齐放艳丽逼人的天蓝绣球，带有立体感和压迫感的高挺药蜀葵等姿态不同的花卉聚在一起时，就会呈现出抑扬顿挫的美感来。给绿叶配上铜色、银色等多彩美丽的叶片，就能把庭院装扮得更加富有生趣。图为 7 月拍摄的花园美景。8 月时，花冠美轮美奂的百合会成为花园中的主角。

花名册

美国薄荷、天蓝绣球、蜀葵、蛇根泽兰"巧克力"、重瓣肥皂草、毛蕊花"婚礼蜡烛"、松果菊"小天鹅白"、药蜀葵、藿香、多穗马鞭草"白色尖塔"等

EXTERIOR 风雅舍

fugasha

加地一雅
园艺师

profile

他既是主营花园设计、施工、贩售植物素材、园艺工具等相关商品的 EXTERIOR 风雅舍（兵库县三木市）店主，同时也是园艺界的领军人物之一。他在"园艺是感悟天人合一的途径"的指导思想下，力争以合理的设计体现花草的天然魅力。

{ 搭配花草时的注意事项 }

栽种充满自然风情的植物时，最重要的就是要了解栽种环境。

栽种充满自然风情的植物时，栽种环境决定了花色和花形的搭配。以下是须时刻牢记的确认要点，可根据这些要点来搭配充满自然风情的花草素材。

【环境确认事项】

☐ 日照强度；

☐ 通风度；

☐ 土壤排水能力和肥沃度；

☐ 花园朝向；

☐ 是否有树木、篱笆、建筑物遮挡
（如果有，具体特征如何）。

【在此基础上需要确认的事项】

☐ 种植主题；

☐ 花色选择；

☐ 种宿根植物还是一年生草本植物，
或者二者混种，是否种植球根植物；

☐ 花期设定；

☐ 确认每种花的花期；

☐ 选择应季花卉还是常年绽放的花卉。

Flower arrangement Sense up Technique

在花开最旺的季节根据花色安排花卉的栽种位置

右图以蓝色花卉为主，在紫色的薰衣草和粉色、白色花卉的配合下，这些蓝色的花卉在花开最旺的时节呈现出了迷人的质感。图片上是花色搭配的成功案例，该搭配适合栽种在人来人往的道路上和庭院的小角落里。龙面花"五彩纸屑"、香雪球"白色长裙"等壮硕高大的花卉配上翠雀"极光深紫"等存在感较强的花卉，就能呈现出惊艳路人的视觉效果。

花名册

recipe

龙面花"五彩纸屑"、吉莉草"黎明"、香雪球"白色长裙"、翠雀"极光深紫"、脐果草、亚球葱

空间创造工坊　工艺师朴

atelierboku

有福创
园艺师

profile

他是主营庭园设计兼施工的空间创造工坊工艺师朴（埼玉县川越市）的代表。曾荣获以"2014 年国际月季园艺秀"园艺竞赛部门奖为代表的诸多优秀奖项，在少维修设计理念的指导下，创作出了很多美丽的庭栽作品。

｛ 搭配花草时的注意事项 ｝

栽种花草时要注意点线面的调配

- 宽大的叶片越多，给人的稳定感就越强烈。
- 圆润的"点"一样的小花越多，就越能制造出立体感。
- 清爽的叶片构成的"线"越多，绿植看起来就越有动感。

巧妙地运用自己摸索出来的经验进行布局

栽种花草是富有感性的活动，过度拘泥于理论并不能打造出美丽的花园。但如果能自行总结归纳出"园艺方程式"，就会让花草搭配得更加合理，操作时也会更加便利。以下是我总结的花草搭配设计方程式。

- 斑锦植物的成功应用案例：奶油色花朵适合与黄色斑锦相配。
- 当个性相合的不同花卉搭配在一起时，整体看起来就会很和谐。
- 素雅大方的花卉适合采用深绿色的叶片做背景。如能配上铜色、银色、白斑叶片，就会把气氛烘托得更加活泼而富有生趣。

花名册

recipe

茴香"紫红"、细叶大戟、斑锦莸、变叶芦竹、林地鼠尾草、树状绣球"安娜贝尔"、垂枝桦等

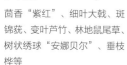

用绿植背景控制月季的存在感

　　为了突显充满自然风韵、存在感强烈的月季之美，可以在地面多栽种一些观叶植物，以及色彩缤纷、充满野趣的其他花朵。在存在感强烈的植物间栽种上叶片柔软的紫花荆芥，能让各种植物看起来更有一体感。再栽种成片的玉簪，就能增强稳定感。

以观叶植物为中心的花园要注意叶片的色彩搭配

　　围绕"自然治愈"的主题进行栽种时，要选择色彩柔和的叶片。以观叶类的黄绿色、银青色叶片为主，栽种茂盛成片的绿植。前排的斑锦芦竹是布局的重心，右手边远处栽种的是生有铜色叶片的垂枝桦。栽种时，要让培育得生机勃勃的植物错落有致地组合在一起，力争做到主次分明。

花名册

recipe

月季"席琳弗里斯蒂"、月季"菲利希亚"、大柄冬青、矢车菊、紫玉簪、紫花荆芥、风铃草、升麻等

让前花园光彩照人的打理要点

作为背景的绿植让月季看上去
更加秀丽动人

临近马路的花坛可以清一色栽种针叶树或日本小檗。以这样的树木为背景，路人便更容易关注到从栅栏里流淌而出的玫瑰花园。

柔软的藤蔓柔化了坚硬的砖墙

较多地在花槽中栽种活血丹等枝条下垂的观叶植物，可以增强花槽的立体感和动感。

蓝灰色围栏是花坛经典的背景

木框中镶嵌着钢铁栅栏的手工围栏非常醒目。可以在花坛中栽种蓝色三色堇、黑色郁金香，要注意花色和围栏在搭配时应具有一体感。

DIY 栅栏，改造成
让花草争奇斗艳的
舞台

图中以小花坛为背景设置了栅栏，栅栏上的窗户会激起人们想要窥视园中景致的欲望，制造出引人入胜的效果。可见窄小的空间也能设计成令人印象深刻的园艺角。

在路旁种下繁花似锦的
花朵，提升观赏性

图为用矮桩月季打造的花坛。配上翠雀、毛地黄等高株植物，打造出立体感强烈的美丽园艺带。

Flowerbed
让前院变得更加醒目亮丽
花 坛

把可映出柔和绿荫的杂木栽成一排

可以贴着房屋的外墙栽种日本四照花和枫树等直立性树木。在浅色调墙壁的衬托下，绿叶看上去会更具清凉感。

巧用犄角旮旯提升整体效果

墙 壁

在窗外搭设花架，修建绿植外墙

可以在外墙边用砖和厚实的木板搭建起富有生活气息的花架。在花架上摆放盆栽花，以便给小空间增色添彩。

瞬间提升美观度的钢铁壁板

可以在玄关旁挂上黑白相间的钢铁壁板，用它作为植物的背景，这样更能展现出植物的美感来。

白色月季把墙壁装扮得浪漫而美好

可以在窗边栽种藤本白色月季"约克市"，让小巧的花朵遍布墙面。月季的枝条被绿叶掩盖，整体场景看起来十分可爱。

用绿意盎然的篱笆自然有效地保护生活隐私

在右侧的木篱笆上栽种花叶地锦，在左侧用钢缆制作黑莓的攀爬架，如此就能打造出一个被绿色环抱的惬意空间。

用心栽培的绿植演绎着如画的美景

黄色的门板其实是作装饰用的摆设。假门板的设置会让人们对里边的未知世界产生强烈的好奇心。

一片芬芳沁路人

透过高低有别的木栅栏可以看见垂下来的忍冬花。白色的栅栏让花朵看上去更加明艳动人，花朵甘甜的芬芳也能给路人送去一份祝福。

选择与奶油色墙壁相配的树形

可以在大门两旁栽种纤细怪柳和梣叶槭。生有美丽斑锦的叶片和柔软的花朵会让树木看上去既高大又灵动。

门前的焦点绿植
符号树

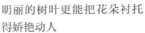

明丽的树叶更能把花朵衬托得娇艳动人

在槭树下种上法国薰衣草。浅绿色的叶片和紫色的花朵形成了鲜明而和谐的对比。

在整洁的庭院外栽种一棵橄榄树

在粉白的墙壁外和浅色的石头地砖上栽种一棵舒展着长枝的橄榄树，如此协调的美景不禁让人联想起南欧风情。可以将树木栽种在日照较好的门前。

把金合欢装饰成可爱的亮点

被修剪得树冠浑圆的金合欢伫立在通往玄关的小路上，成了花园的符号树。在树根下栽种球形的绣球花让整体的布局看上去更美了。

用阶梯的高低差展现绿植的魅力

台 阶

用扶手做月季的爬架

让白色的月季"晨曲梅地兰"缠绕到白色的扶手上,这样就能在整个夏天观赏到它清凉的芳姿了。

从上到下的大小花盆紧贴着冰冷的墙壁

在每级台阶的边角有节奏地摆上一盆花。绿植的掩映既能够柔化墙壁冰冷坚硬的感觉,也能让人在赏花的过程中不知不觉地走上台阶。

行走在乱花渐欲迷人眼的木香花之下

牵拉木香花的枝条,使之覆盖在台阶上方。这样不仅能让绿植与周边环境协调,还能打造出令人心动的风景。

树木环抱下营造出的神秘气氛

把常青白蜡和日本四照花等树木栽种在通往玄关的台阶两侧,这样能让接近台阶的树枝尽显自然风情。

提升人们对花园的期待感
院 门

颜色醒目的大门能让人们对花园更有兴趣

在花园入口处手工制作一扇拱门。三角形拱门的独特造型和蓝色的门板看上去都很有韵味。

用古拙的墙壁表现浓郁的古风

在刷着浆的墙上嵌入一扇彩色玻璃窗，让设计充满创意。再添置一只古旧的车轮更能体现出村野之气。

和绿植融为一体的有趣外壁

这是对讲电话和信箱一体的栅栏，是"木心"（埼玉县都几町）的设计作品。栅栏后是丰茂的绿植，二者构成了富有天然风情的园艺角。

有观赏价值的设计是栽种要点
混 栽

植墙一体酷似西洋画报中的照片

图为攀爬着花叶地锦、油漆掉落的大门。门前可以摆放多种植物进行混栽。要思考花台、花盆怎样摆放才能更显高雅，这样才能设计出富有品位的园艺作品。

粉白的墙壁和黑色的花篮将花色衬托得更加艳丽

墙头上的绿植是以粉色的苏丹凤仙花为主的混栽作品。以半边莲等蓝色花朵为基调的花坛形成了一道亮丽的风景线。

用花台划分层次，与背景相融合

艳丽的花朵与下垂的枝条构成了充满灵性的混栽画面。用白色的花台和古典石柱做装饰，衬托出后边浅色月季的典雅之美，突显出它的存在感。

打造美丽花园的捷径

丰田花园
天野麻里绘园艺师亲传

月季与其他花草的搭配 *Hint* 要点

藤本月季和下方的花草构成了画面和谐的"丰田花园　园艺博物馆花游庭"（爱知县丰田市）。
首席园艺师天野麻里绘女士对月季和草本花卉的搭配要点给出了以下建议。

丰田花园　园艺博物馆花游庭
天野麻里绘园艺师

"丰田花园　园艺博物馆花游庭"（爱知县丰田市）的首席园艺师。擅长设计主题花园和风格浪漫的花园，经常在电视和杂志上传授园艺知识。
http://www.kayutei.co.jp/

月季与花草搭配时的

5项设计 Point 要点

花游庭中有很多由月季与花草搭配构成的浪漫美景，这是天野园艺师用成功的"搭配方程式"得出的惊艳结果。以下是她介绍的 5 个搭配要点。

Point 要点 1

选择株高不会影响月季生长的花卉

不要让花草的株高影响月季的生长。拿直立性月季来说，如果在它周边种上叶面宽大的花卉，就会影响月季的光照和通风。月季周边可以栽种棉毛水苏等植株低矮的植物，像耧斗菜一样在月季根部生长得叶片繁茂的植物。相反，藤本月季就不需要考虑这些问题。下方的花草生得越茂盛，越能制造出浪漫的氛围来。

Point 要点 2

花穗长的花卉适合与大花冠月季相搭配

华丽的花朵当然更加引人注目。如栽种大花冠品种，可用翠雀或毛地黄等长花穗的植物与之搭配，这样更能突显层次感。如栽种一排月季，就能构成舒缓优美的画面来。

Point 要点 3

花草的基色必须与月季色系相同

想做花草混栽的话，就要避开红黄等原色花卉。可选择粉红等浅淡的色调或杏色等中间色的花卉，这样上下的花色才能协调统一。在与存在感强烈的月季同时栽种时，花草的色系与月季相同才能成功混栽。

Point 要点 4

花期长的小花更能衬托主角之美

必须栽种一些能够突显月季、翠雀等主角魅力的小花，如分枝多、花序为伞形的蕾丝花就非常合适。这些小花的花期较长，能够起到把控全局的作用。此外，观叶植物也是珍贵的配角。

Point 要点 5

用树叶的颜色做背景衬托花朵

给月季和花草做陪衬的背景也很重要。用灌木做背景能够制造出自然风情，深绿色叶片可陪衬浅色花朵，铜色叶片可陪衬深红色花朵，这样的搭配才和谐美丽。用砖墙做背景时，也要选择能够衬托花色的墙砖色。

这是用 2 种粉色月季构成的美艳
空间。拱门左：伊萨·佩雷夫人，
右：弗朗索瓦·朱朗维尔

花游庭的月季和花草的搭配
要注重和谐搭配的技巧

下图是花游庭中最美的几处景色。天野园艺师向我们传授了她选择株高、搭配花色的要诀。

Shed 小屋 **把小屋包围起来**

图中为以小屋为焦点设计出的颇有韵味的园艺角。藤本月季和下方花草在搭配时保持的平衡感非常值得学习。

大量的绿草和黑色的花朵
能够衬托白色花海的美感

下图为以白色为主题的白色花园。攀爬在流苏树上的藤本月季"冰山"看上去冰清玉洁，用黑色的花朵作为陪衬更能突显出它的清纯感。

【株高的平衡】
把花朵繁盛的藤本月季"冰山"作为花草的背景，与前方的蕾丝花、矢车菊相搭配就能让整体看上去更加华美。

【花色的平衡】
花色相同、花形各异的绿植在搭配时也能打造出动感。白色看上去给人一种膨胀之感，可以用黑色的矢车菊来抑制这种膨胀感。

3m
藤本月季"克莱尔·雅吉埃尔"、铁线莲

2m
藤本月季"泡芙美人"

注意草的高度

80cm
蛇根泽兰"巧克力"，直立性月季"薄紫""蓝色天堂""冬天魔法"

30cm
矾根

被房顶的藤本月季和
盆栽包围起来的小屋

墙壁和房顶的藤本月季绘制出了一幅协调的画面。可以在地砖上摆放花箱、垒砌花坛，这样就能让人感受到侍弄花草之乐了。

【株高的平衡】
房顶垂下来的月季和盆栽的月季之间要留出空间，露出墙壁作为背景，这样才能让花朵显得更加醒目。

【花色的平衡】
为了与鲜亮的奶油色墙壁相配，选择杏色花朵做主角。在下方栽种蓝色系的直立性月季更能增添清澈之感。

3m
藤本月季"冰山"

90cm
蕾丝花、矢车菊"黑球"、风铃草

30cm
三色堇

2.5m

直立性月季"瑞伯特尔"、潘妮洛普

1m

毛地黄（紫色）

70cm

蝇子草"萤火虫"、高加索蓝盆花（蓝色）、烟草"石灰绿"

下方花草要将上方花冠较小的月季"托举"起来

图为小木屋的前院。在有进深的园艺空间中可以栽种株高各异的花卉，以便制造有立体感的自然氛围。栽种花冠较小的月季能让观赏者注意到其他花卉的美丽，充分感受花园的整体美感。

【株高的平衡】
在打理此类花园时，要把较矮的花卉种在房前，远方可依次栽种较高的花卉，这样在房间里就能看到所有花卉的样态与风貌了。

【花色的平衡】
聚在一起的各色花卉让花园整体看上去十分清新典雅。其中深粉色和紫色的花卉会成为组合中的亮点。

以波浪形墙头的砖墙为背景，用种类丰富的花草装扮一场盛世繁华

砖墙和杏色花朵衬托着深红色的月季。再栽种2种花色能够与月季势均力敌的毛地黄，这样能让整体看上去更加平衡协调。

从墙头垂到长椅上的月季看上去非常浪漫，这样的花草搭配呈现出了无懈可击的良辰美景。

【株高的平衡】
在月季墙的前方种上一片稍高的毛地黄。用平滑的毛蕊花调节平衡，再用花茎长约1m的柳叶马鞭草给组合增添动感。

【花色的平衡】
下方的花草要以能够柔化月季花色的杏色花卉为主。酒红色的珍珠菜·博若莱也能堪此任。

2m

月季（半藤本）"桃心""盖伊·萨沃伊"

1m

毛蕊花"魅力南方"，柳叶马鞭草，毛地黄"波点皮帕"（Polkadot Pippa）""杏色"

40cm

珍珠菜"博若莱"

包裹拱形窗户的粉色系月季

图为粉色系的月季园艺角。栽种花色浓淡不同的品种能让整体看上去更加富有节奏感。杏色的毛地黄更能拓宽花色广度。

月季和花草
的搭配要点
Hint

2m

铁线莲"查尔斯王子"、藤本月季"娜荷玛"

1m

直立性月季"一千零一夜"、毛地黄"杏色"

【株高的平衡】
墙上的月季和铁线莲融洽地搭配在一起。花园里铺的是地砖，所以在花箱中栽种直立性月季可以平衡布局，构成理想的绿植画面。

【花色的平衡】
给粉色的月季配上蓝色的铁线莲，这种颜色搭配显得清新典雅。月季要选用一千零一夜等花色艳丽的品种。

2.5m
藤本月季"杜鲁斯基"

1m
狭叶毛地黄"咖啡奶油"

30cm
矾根"紫色宫殿"、四季秋海棠"红色"、斑叶一串红、铜叶秋海棠
（Begonia × benariensis）

【株高的平衡】
把低矮的矾根、秋海棠和较高的毛地黄由远及近地种在拱门周边。这样高低有序的花草就能和拱门上的月季"杜鲁斯基"连为一体了。

【花色的平衡】
在以红色为主色调的花坛和攀爬着白色月季的拱门之间，用狭叶毛地黄"咖啡奶油"做过渡色，可以让组合整体看上去更加协调柔和。

Arch 装扮花草舞台
拱门

可供月季攀爬的拱门能够决定观赏者对花园的印象。拱门和下方花草的布局是设计重点。

热辣的花草和白色月季对比鲜明、引人注目

攀爬着白色月季的拱门引起了人们窥视白色花园的兴趣，它与前排的红色花坛红白相映、对比分明。

Flower bed
花坛　群芳争艳、妙趣天成

垒砌一座花坛就能在角落里栽种上各种花草植物。如能注意株高与色彩的搭配，就能制造出令人惊艳的立体感。

从花坛中流淌出的清新白花呈现出一派勃勃生机

图为用厚重的石材垒砌起来的花坛与砖墙之间的白色花园。花园的构成要点是带花台的花箱。

【株高的平衡】
用结花多的藤本月季和铁线莲来点缀墙壁。把低矮的花草种在花箱中，这样就能把背景墙衬托得非常分明。

【花色的平衡】
把银叶植物和斑叶植物茂盛地栽种在一起，这样能把白色的月季衬托得更加娇艳美丽。园艺角看上去也会更加亮丽明快。

2.5m
铁线莲"小白鸽"、直立性月季"雪雁"

50cm
金鱼草"十四行诗"

30cm
银叶菊、单花雪轮"金色德鲁特"、三色堇

One point Lesson
醒目的栽种方式是制造焦点的要点

在拱门下摆放一把椅子，让它成为花园中的焦点。椅子周围要种上粉红色系的花朵，在月季拱门的两侧对称地种上狭叶毛地黄，这样就能打造出一个有个性的园艺角来。

天野麻里绘园艺师

在花园、花盆中
栽种月季的小窍门

图为近期频繁出现在各大媒体上的天野麻里绘园艺师。她给我们传授的是让月季好花常开的施肥小窍门。

"花游庭"深处的切花花园一角。色彩艳丽的月季和应季花草共同构建了欧风满满的浪漫花园。

"这是以用月季装点生活为主题研制的月季专用系列花宝（Hyponex Roses）月季肥"。想让月季多多开花，就要特别注意选择培养土、肥料，注重营养搭配。其他公司也开发了各类月季的专用花肥。

芬芳美丽的浪漫花园

随时都在修剪花草的天野园艺师。

在秋季追肥的同时施加液体肥效果更佳

秋季,应在花谢后的 11 月下旬追肥。12 月是月季开始进入休眠的时期,这时月季吸收营养的能力虽然有所减弱,但追肥时施加液体肥就能让它迅速恢复体力。

1 固体肥料的直径长 3~5mm,没有有机肥的臭味。8 号花盆可施肥 50g,庭栽花可施加 200g。

2 给盆栽花施肥时,要把肥料放在花盆边缘,再深埋入花土。给庭栽花施肥时,要把肥料放在距离花根 30~40cm 的地方,并浅埋在土里。

3 施肥后要多多浇水。固体肥料与稀释 500 倍的液体肥同时使用效果更佳。

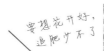

要想花开好,追肥少不了

"施肥时加上一把堆肥(腐叶土)能够刺激土壤中的微生物,让肥效得到更好的发挥。请您一定要按这个方法试一试。"

"给生长期的月季按时施肥,能让植株长得更旺更壮,结花更多。花苞着色前,可待肥效彻底发挥后再施肥。"

花谢后多多施肥能让植株迅速恢复体力

为了让反复开花的月季长得更壮、多多开花,就要为其提供充足的养分。要在栽种时施加基肥,后期施加缓释肥,在追肥时施加液体肥。系列肥料成套使用效果更好,所以新手也能把花养得很好。

11 月是给月季施肥的最后时机。天野园艺师说:"在月季进入休眠期之前,应为其施加一年的礼肥。"月季必不可少的养分是磷肥(P)和钾肥(K)。磷肥能促进植株多多结花,钾肥有助于根茎生得粗壮。"应给因开花而体能消耗大的植株追加含钾高的花肥,这样能强化植物细胞,提高耐寒性和抗病害能力。秋季多施富含磷的肥料还能让枝条更强壮,防止其冬季断折。"富含磷钾等元素的液体肥因为有助于植株生根结花而备受好评。在浇水时使用含微量元素的肥料,其肥效发挥更佳。

从修建月季拱门开始
打造梦幻花园

只需栽种一棵月季就能修筑起一座华丽的月季拱门。人们都想尽量让拱门看起来更美观，提升它的魅力。于是，"月季之家"的木村卓功园艺师就向我们传授了巧妙地搭建月季拱门的要点。此外，下文还会为您提供各式开满鲜花的拱门图片，以供参考实践。

Profile

月季之家
木村卓功 园艺师

埼玉县杉户町有 2000 多种月季花苗的园艺店是他的产业，他是一名优秀的月季专家、育种专家。他在店里开办月季讲座，是诲人不倦的讲师，拥有较高的人气。

http://baranoie.web.fc2.com/

请读者试回答下列问题：
什么品种的月季适合用来做鲜花拱门？

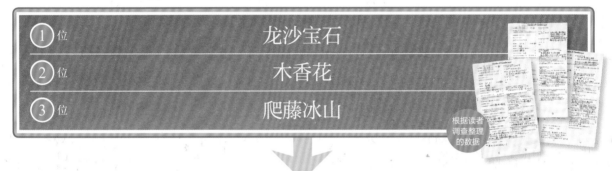

① 位 　　　龙沙宝石

② 位 　　　木香花

③ 位 　　　爬藤冰山

根据读者调查整理的数据

〖 木村园艺师说，上述适合制作月季拱门的品种中也有不少值得注意的地方。 〗

爬藤冰山

"任其自由生长，植株就会失去平衡"

● 植株生得太大或任由其自由生长的话，月季就会只在拱门上方开花。从根部生长出的枝条要待其生长至 30~50cm 长时再做修剪，以便促进分枝。如果想让花朵均匀地覆盖在拱门上，那么待月季春季开花过后，就要每半个月修剪一次拱门曲面的枝条，促进植株更新。

● 龙沙宝石也是如此。生长数年的龙沙宝石很难生出新枝，要尽早修剪其根部促进分枝，确保植株生长。

● 新分出来的细枝上很快就能开花，所以牵引造型时不要剪得太狠。

木香花

"盆栽月季更适合装饰家用拱门"

● 地栽月季会因为生长过大而不好把控平衡。可将月季栽种在 10~12 号花盆中，以便控制它的生长态势。

● 要在冬季的休眠期把地栽月季移入花盆。把枝条长度控制在 50cm，尽可能多地保留花根。

● 不要在秋冬两季进行修剪。该品种只有经历过严寒酷暑的枝条才能开花，只能在夏天做修剪。秋冬时节只能整理枝梢和杂枝。

龙沙宝石

"只有艺高人胆大的高手才能牵引粗硬的枝条"

● 粗硬的枝条不好修理，可在春季对从根部新生的枝条进行摘心处理。如果把一根枝条分生成三根枝条，就很容易做牵引造型了。

● 和一次性筷子一般粗细的枝条才会开花，可以把从筷子根部到铅笔之间的粗细大小设定为枝梢的粗细标准，这样的枝头才会开花。把枝梢牵引到拱门整体，在春季就能看到迷人的美景了。

● 本品种生长数年后不易生长新枝条。所以如果能在初期就保留较短的枝条，那么植株的根部便也能开花。

轻松体验月季拱门
带来的美好与快乐！

容易牵引

木村园艺师
推荐的 5 个适合制作
鲜花拱门的月季品种

只要把下列月季的枝梢牵拉到拱门上，
就能获得一座开满鲜花的拱门。

易于养护

奥德赛

培育地：日本
树高：1.8m
树形：直立性蔷薇树形
花径：中轮
开花特征：四季常开

这是木村卓功园艺师培育出
的品种。此花花形为半重瓣
螺旋状，花瓣呈波浪状。春
秋两季的花色为紫中带有黑
红色，高温时期的花色会变
为深红色。花朵绽放时会有
突厥蔷薇般的芳香。

〈要点〉
此花根部分生了很多枝条，所以容易开花，新手也能用它轻松装
扮拱门。粗枝相对较硬，可以待枝条从根部生长到30cm 时进行
修剪，使之分枝。和一次性筷子般粗细的枝条才能开花，想要装
扮拱门就得牵拉这样的枝条。

晚霞

培育地：英国
树高：2.5m
树形：藤本树形
花径：中轮
开花特征：花开两次

此花生有波浪状的杏色花瓣。
房状的花朵绽放时会给人一
种华丽的印象。花开时会飘
散出水果或茶一样的香气。
此花抗病性强，容易培育。

〈要点〉
枝条柔软、容易造型。只要把枝条分散在拱门上，就能拥有极具观
赏性的鲜花拱门。新手也能轻松操作。

玛丽·露思

培育地：英国
树高：约 1.6m
树形：蔷薇树形
花径：中轮
开花特征：反复开放

此花的花色粉红可爱，花形
为螺旋状，香型介于突厥蔷
薇和没药之间。树状月季生
命力旺盛，虽然也会生病，
但却一定不会枯萎。

〈要点〉
枝条生长需要很长时间，结花多，开满花朵的拱门非常美丽。应令
其扎实生长。

玛丽·居里
IYC2011

培育地：日本
树高：约 2m
树形：藤本树形
花径：中轮
开花特征：反复开放

此花花色为奶油白，花形为
螺旋状。轻盈的波浪状花瓣
能够酝酿出美丽的气氛。此
花的花期较长，秋季也能开
花，花朵生有水果香味。

〈要点〉
枝条柔韧，易于牵引造型。由于小枝也能开花，如果将小枝束起牵
拉成一次性筷子般粗细，枝头的花朵就会变成一幅美丽的画面。

卢森堡公主西比拉

培育地：法国
树高：约 1.8m
树形：蔷薇树形
花径：中轮
开花特征：反复开放

此花生有半重瓣花瓣，花色
紫红，十分醒目。它是耐暑、
耐寒、抗病性强的优秀品种，
秋季也能开花，花香辛辣。

〈要点〉
由于此花为蔷薇树形，所以与其让它沿着拱门生长攀爬，不如把它
修剪过的枝条牵拉到拱门上去造型，这样装扮拱门更为轻松简单。

美丽的月季拱门的设计要点

梦幻少女

用小型月季满满地覆盖拱门
制造浪漫气氛

在攀附着"梦幻少女"的拱门后面的墙壁上牵拉芽衣。粉红色系深浅不一的小巧月季花就构成了一个非常可爱的植物角。

藤蔓月季"夏雪"

对比鲜明的红白二色
给人超凡脱俗之感

摆在爬满白色月季的拱门前方的是盆栽的红色天竺葵。被拱门隔断的天竺葵鲜红醒目,成为整体造型的美丽焦点。

海军准将

万绿丛中一点红

这是用醒目鲜艳的深红色月季搭建的拱门。树木的枝叶构成了绿色的背景,和主角的红花搭配得相得益彰。

保罗的
喜马拉雅麝香

搭配高株花草会让拱门
看上去更漂亮

在从拱门上"喷涌"而出的月季对面栽种着高株毛地黄和翠雀,用立体栽种方法构成了美丽的画面。

格雷厄姆·托马斯

两只拱门让花园看起来更为开阔

明快的黄月季和紫色的铁线莲缠绕的拱门
后是另一座爬满浅色月季的拱门。这样的
设计能够从视觉上延长花园的进深。

花见川

繁 荣

**注意保持拱门和
里边风景的平衡**

在拱门深处垒砌一堵吸睛的花
墙。柔弱的月季和富有天然野
趣的花草相搭配时，画一样的
美景就呈现在了我们眼前。

**缤纷热情的月季
把花园入口点缀得十分华美**

图为光彩夺目、花色鲜艳的花见川。抬头仰
望拱门缝隙中的花朵能够提升观赏者对花
园的期待感。

厄尔默·明斯特

黄油硬糖

紫罗兰皇后

**让 2 种大轮月季从左右
两侧妖娆地缠绕拱门**

红色的月季和奶油色的月季从左
右两侧缠绕拱门，再在拱门后方
放上紫色的小花。用生有斑锦的
观叶植物和清新如茵的芳草做两
种对比色鲜明的花朵的缓冲物。

**月季拱门发挥着移步
换景的作用**

图为在花园和阳台之间设置的
一道拱门。纤细的藤条和小巧
的花朵能够平缓地过渡风景，
使之看上去毫无突兀之感。

"工艺师朴"有福创园艺师
对开放式庭栽设计的建议

朴素自然的庭栽设计要点

树下空间和公园的小径等才是最有观赏性的场景。
擅长打造天然的花草搭配，设计领域广泛，能够搭建富有禅意的花坛的"空间创造工坊工艺师朴"的有福园艺师，给我们列举了以下栽种建议。

空间创造工坊　工艺师朴
有福创园艺师

"空间创造工坊工艺师朴"的代表。擅长设计容易打理的宿根植物和灌木的栽种方案和朴素自然的空间。曾荣获"2014年国际月季园艺秀"大赛部门大奖，也在其他比赛中获得过殊荣。

经常听到的栽种心声
烦恼的根源
Trouble Point

● 我想打造漂亮的花坛，可结果总是很俗套。

● 我想栽种自己喜欢的植物，但却栽种得杂乱无章，很难看。

● 植物在不经意间失去了活力，总是养不好。

庭栽烦恼一扫光
基本解决要点
Solutionz Point

① **面积和环境决定风格**

要根据花坛面积、日照、通风等条件，考虑该如何设计庭栽风格。给花坛设定主题，栽种时就能让花坛更具整体感。不过，也不要过于忠于设计方案，那也许并不利于指导实践。

② **考虑庭栽的整体构造**

要结合庭院环境来考虑花坛的进深、面积、现存树木的位置、庭栽的整体构思设计。设想时只要想到大体的样态就够了。

③ **根据主题和设计方案来选择植物**

要根据花坛的主题和设计来选择与环境相配的植物。栽种时要注意花色、花形、花朵大小等要素的平衡，使之既能相互映衬又能保持协调。

【树干的栽培】

创造一个大树底下好乘凉的安适环境!

在郁郁葱葱的大树下栽种生有斑锦的植物,这会让庭栽倍显清爽

有福园艺师用高超的园艺技术把杂乱无章的花坛改造成了主次分明的花坛。园艺师以常见的树下空间和公园路旁的花坛为舞台,以改善前后的效果对比为例,讲述了具体的设计方法。

改善前

Before

让模糊的树干变得清晰鲜亮!

图中金合欢的树根被紫花荆芥和牛至等芳香植物所包围。芳香植物在树影下虽然也能展现天然风采,却给人一种单薄呆板的印象。

改善后

After

把斑锦明丽的玉簪栽种在树下让气氛焕然一新

把紫花荆芥移走,换上叶片边缘生有白色环纹的玉簪,这会让树根看上去明快许多。白绿相间的玉簪叶片更能突显从树叶间洒落下来的阳光之美。

树下植物栽培技巧

{ 技巧 1 }

根据树木特性选择花草,把植物培育得更加茁壮美丽

在日照时长有限的常绿金合欢树下就要栽种喜阴的玉簪·爱国者。扎根浅的玉簪最适合栽种在粗壮的树木下。

{ 技巧 2 }

根据树形选择与之搭配协调的花草

像图片中金合欢树一样树冠宽大的树下要栽种有安定感的植物,这样才能让整体看上去更加平衡。栽种一圈生有斑锦的阔叶玉簪可以增强整体的稳定感。

要选择玉簪中斑锦清晰的品种"爱国者"。栽种时拉开一定的株距,让玉簪像野生植物一样分散种植。

【花间小路旁的种植方法】

在观赏花间小路旁的植物时，
与其去凝视它的静态美，不如看它的动态美

随着视线的移动栽种花草，
提升花间小路的进深感！

Before

改善前

怎样打造曲径通幽的小路和主次鲜明的花坛

右边的绣球挡住了小路，影响了小路的曲线美，降低了观赏者的期待值。
在攀爬着藤本月季·圣灰礼仪日的拱门下，长势旺盛的紫斑风铃草遮挡了
小路，使路径整体缺乏层次感。

园路旁的栽种技巧

{ 技巧 1 }

根据月季拱门和树木的样态设计栽种方案

由于前方有月季拱门、日本白蜡树、荚蒾等树木，左侧有小丛月季，所以布局看起来很有层次感，可以少栽种些植物。
这样拱门上花色柔和的月季就能和灰色的门框搭配得相得益彰了。

{ 技巧 2 }

花间小路的长宽、线型也是选择植物时的决定要素

狭窄的小路蜿蜒曲折，走在这样的道路上自然不会很快。可以设计一条让观赏者有充足的时间观看两旁每株植物的小路。
不要只栽种一种植物，可以栽种珍珠菜、玉簪、矾根等多种花草。

{ 技巧 3 }

要根据植物的形态和颜色的平衡来栽种

相邻植物的颜色和形状不要相近，要让花坛看起来充满立体感。比如，两棵绿色的植物之间可以栽种铜叶和斑锦叶片的
观叶植物，这样看上去就更加活泼、有新鲜感。而且，无论远眺还是近观，从各种角度都能欣赏到绿植别有风韵的美妙
之处。

改善后

After

用朴素的绿植连接起拱门上的月季和地栽月季，让小路看上去更有韵味

图中的花园主题是灰色调的花坛。把遮挡小路曲线的绣球移走，再栽种上色彩各异的观叶植物从而加强小路的进深感，这样就能让拱门上银粉色的月季和其他设计合为一个整体。

图为从正面看到的拱门右侧的绿植。叶片青绿的玉簪"翠鸟"、斑叶紫玉簪、铜叶矾根"银色卷轴"、毛地黄"钓钟柳""红外套"、日本蹄盖蕨等各色观叶植物争奇斗艳。

1 花色青紫的藿香和奥地利婆婆纳"火山口湖蓝"可以作为路径上的亮点。
2 株高较高的细茎针茅能够突显小路转弯时的曲线。
3 把棕色的暗紫珍珠菜种在拱门下方。
4 把生有斑锦的葡匐筋骨草"北极狐"栽种在边缘。

要想让观叶植物的株姿看起来更美丽，就要拉开它们彼此间的距离。设置株距时，要充分考虑植株长大后的形体大小。

巧妙利用只有 2m 宽的空地

设计迷人小路的要点

外墙和房屋后面经常能看到一段狭窄的空地。这种空地多因为不便打理而被闲置不用。如能把这里改造成迷人的小路，庭院的样貌就会大为改观。以下是"木心"的田口老板向我们传授的打造小路的要点和提升小路档次的秘诀。

只要这样做，就能开辟出迷人的小路

3 个要点

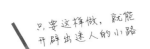

Point 1
在 地 面 铺 设 方 砖

Point 2
设 置 构 筑 物

Point 3
考 虑 植 物 的 栽 种 布 局

上述3点即便不能完全做到，也能打造出一条美观的小路来。小路的设计方案也会根据作观赏用、作行动路线用、作场地用等目的而改变。还可以根据具体环境来打造一条个性的小路。

小路越是与众不同，花园的档次就越高
一起来了解小路的魅力

如同茶道世界中连通茶室的路一样，日本人自古以来就对小路的尽头充满强烈的期待与渴望。在建造私家园林时，小路的建设也是十分重要的一环。

建设小路是需要舞台的。这次我给大家介绍的是用庭院角落的闲置空间——房屋旁的狭长空地和乏味无趣的过道来打造的小路。狭窄有限的空地也能铺设小路，变身成美丽的一角。只要稍稍用心，就能设计出别具匠心的风景来。

庭院也是日常生活的一部分。除了观赏，它应该还有让我们愉悦身心的作用。同理，小路也是如此。可根据周边环境和实际用途来打造一条美丽的小路。

【传授人】

木心　田口裕之 园艺师

除了设计、修建一般的庭院，还贩售月季、铁线莲和各种宿根植物。擅长打造杂木众多的自然风庭园，多次荣获"国际月季园艺秀"的各类奖项。
http://www.ki-gokoro.net/

Point 1 在地面铺设方砖

要注重给庭院增添气氛的地砖材质

仅用地砖铺设地面，就能改变环境氛围。选择地砖时首先要考虑它和庭院是否协调。此外，地砖的铺设方式也需要着重考虑，比如是全面铺设还是曲线铺设，是铺设成有节奏感的阶梯状还是其他形状。最重要的是，要在考虑实际用途的基础上去设计小路。死角大多阴暗潮湿，所以有些地砖如果不防滑，人走上去就容易摔倒，缺乏安定感。应根据环境选择美观实用的地砖。

令人联想起欧洲古代石板路，有年代感的格子方砖是人气素材

把这种近年来拥有较高人气的方砖铺在地上，就会浮现出古色古香的气氛。在砖缝中填土种草，能让地砖看上去更有古趣。这种方砖比较薄，应请专业工匠用砂浆将之结实地固定在地面上。

自带节奏感的朴素飞石不必精挑细选也能与庭院风格相融合

被认为适合铺设在日式庭院中的飞石实际上也能与现代风格的庭院或西式园林相融合。铺设时除了要注意石材间距等，还要把不同大小的石材自然地铺设开来，这样才能让地面富有变化，产生美感。

板砖铺成的小路是最让人向往的经典设计。而且这种石材只要有土就能轻松开工，所以非常受人喜爱。但由于石材容易吸水，所以铺在潮湿处会变得很滑。

自然石板虽然缺少质朴感，却高端耐用

板砖是最能轻松营造气氛的万能石材

朴素有趣的分解花岗岩砂土也是优秀的铺地素材

分解花岗岩砂土不仅便于平铺，还有排水性好的特点。它能防止杂草生长，也不需要经常维护。

如果是日常生活中常走的小路，最好用自然石的平板铺设。石板平坦宽阔、方便行走，且适合与绿植相配，能够营造出古典的氛围。

有立体感的构筑物更适合放置
在有进深的空间中

　　如在狭窄的空地设置一处很有立体感的门，就能瞬间提升空地的视觉效果。比如，设立一处拱门，就可以遮挡住无聊的电线杆和邻家的晾晒物。连续的几座拱门更能加强这种进深感。在入口处的大门上方覆上藤架等铺设物，会让空间看上去更大、更宽敞。可以试着用构筑物制造的视觉效果，打造一条令人期待的小路。

可爱的木板门提高了
人们对园内景色的期待感

方程式：
构筑物×构筑物
＝让进深感成功翻倍

可以在爬满月季的拱门前设置一道遮挡邻家外墙的墙壁。两件构筑物更能提高进深效果。

图为一边让人窥视藤架里宽敞的花园，一边隔断通向花园小路的白色木板门。这扇门能让人产生对花园的向往和推门而入的冲动。

在连续的构筑物上栽种藤本植物，这样就能够打造出令人印象深刻的场景

用构筑物圈定空间，
再摆放上家具，
创造舒适的休息环境

在用藤架和花墙围成的绿色空间里摆上一套花园用桌椅，这样就能创造出一个温馨的空间。桌椅可以成为小路上的一个吸睛亮点。

搭起与小路同宽的爬藤架子，用藤本植物创造一个绿色的隧道。这样的隧道只有在狭窄的空间里才更方便制作。它能遮挡外边的世界，带给您一个奇妙的空间。

Point 3 考虑植物的栽种布局

兼顾花草的生长，
用有韵律的绿植表现动感

三个要点中，最轻松、最经济、效果最好的就是在小路上栽种植物。不同种类的植物、栽种的层次感等要素都会影响花园的氛围。调整植物的色彩和层次能提升小路的节律感，使之看上去充满情趣。还可以通过植株株高的变化来提升小路的进深感。不过，长势过旺的植物是会影响通行的。也不要让植物长到别人家，影响他人的生活。

**用芳香植物
制造清凉感**

把牛至、百里香、甘菊等低矮的匍匐型芳香植物栽种在道路两旁，开辟一条芳香四溢的小路。植株较大的薰衣草和鼠尾草则不适合栽种在路旁。

**植物布局平衡，
小路才赏心悦目**

图中的空地虽然很小，但如果少种些植物，比如种上一些醒目别致的银叶菊，就能让石板路和绿植相得益彰，营造出自然的气氛。

**通过栽种茂盛的植物
增加小路的灵动感**

可以在笔直的小路两边种上玉簪等株姿丰美的植物做自然分区。左右参差的绿植会给小路增添些许平缓的曲线美。

**铜叶成了绿叶
中的亮点**

在天然花坛里栽种多种树木，紫叶李可以成为绿树中的主角。这样就能打造出一条有韵味的小路来。

轻松打理美丽的花园

让花草熠熠生辉的草坪栽种法

茵茵的绿草给花园增添了润泽之美，衬托得花坛更加鲜艳夺目。

下文介绍的是栽种草坪的方法和给花园做设计时有效的栽植方案。

让我们一起为栽种出令人神往的草坪而努力吧！

监修 / 铃木造园土木 铃木武士园艺师

用栽种小块草坪的新方法打造不一样的花园

清爽的绿草与花园里的鲜花相映成趣，构成了花园里的美丽风景。在花园里种满草坪既辛苦又不讨巧，而且最终的效果也不好。可以栽种小块草坪来装饰庭院，通过增加绿地面积给花园增添一份自然风情。另外，小块草坪也比较容易打理。

下列是可实践性强的半径为 1m 的小场地和给少数绿植做陪衬的据点式草坪的栽种方案。

Small Space

---

1 小块草坪的栽种方法

在花园一角栽种草坪，
打造惬意的休闲空间

在这样的角落栽种草坪就能给绿地以及周边环境带来变化。如有这样的空地，可以在地上栽种草坪。用绿草覆盖地面可以打造出赏心悦目的接续空间来。小块草坪易于打理，容易保持美感。

这是夫妻二人铺设的地毯状高丽草坪。在绿植环抱的自然环境中，白色的靠背椅显得非常个性醒目。

方法1 *idea 1*

让场地变得更有风韵、让花卉看上去更加梦幻美丽的草坪栽种法

用红砖勾勒出草坪的美妙曲线，把与碧草对比鲜明的白色石头铺在外侧。场地的合理布局呈现出了极具观赏价值的画面（小林伸行先生）

方法2 *idea 2*

要确保用低矮的绿植和盆栽月季围起来的草坪采光充足

即使不能让阳光洒满草坪的每个角落，为了保养草坪，也要限制四周花坛的高度。在这种情况下，月季不宜地栽，应做盆栽处理。这样就能构造出通透而开放的美景了。（中村良美女士）

技巧要点

用草坪隔根板限定小路和花坛间的界线

高丽草坪等日本草坪不是用种子进行繁殖的，而是通过匍匐茎来进行繁殖扩张的。如果不加控制，草坪就会很容易入侵花坛。为避免这种情况，要在花坛边缘设置草坪隔根板，并将之埋入10cm深的地下。这样才能有效防止草根的扩张。用红砖和枕木来做隔板也是很漂亮的。还可以用薄塑料板立在边缘，这样既不惹眼，还能起到防护作用。

市场上出售的塑料板也能轻松便利地阻止草坪"野蛮生长"。

插图／浅野知子

把小路旁的狭窄空地改造成休息区

K女士

　　K女士受丈夫所托，向我们征求在庭院一角栽种草坪的方案。可以在草坪上摆放桌椅，这样在室内也能透过起居室的窗户眺望到这个可爱的角落。"我丈夫负责修剪草坪。这种小面积草坪修剪容易，能让他体会到修剪草坪的乐趣。"所以，剪出来的草坪非常柔和美观，仿佛绿色的绒毯。约4m²的小草坪更能提升高贵之感。接待来访的友人时，这里可以作为喝茶聊天的指定场所。久而久之，这里就会变成生活中不可缺少的园艺角。

2 据点式草坪的栽种方法

在植物空隙间栽种草坪，
展现自然风貌！

填埋绿植间的空地、能与铺装资材相搭配的草坪成了地面的绝佳装饰。巧妙地运用草坪也能让它最大限度地发挥美化环境的功能。形状不规则的地面、几何形设计的地面都可以用草坪来做装饰。草坪还能与建筑物、水泥台等无机资材相搭配，给这样的资材增添活力，使之产生现代感。亲手修剪草坪还能获得修剪草坪的快乐。

用青翠欲滴的草坪把前院花园
装点得妙趣横生

平林和枝女士

这是平林家的一角，是临近马路的前院花园。小路和花坛间、地砖的空隙间栽种的都是高丽草坪，这些草坪把空间装扮得清新美丽。草坪是"木心"（埼玉县福来川町）铺设的。他们的设计初衷是"要想让目之所及处都呈现出一派生机，就要栽种草坪"。整齐地铺在地面的草坪块拉成了一条直线，给人一种有序的清新整洁之感。可以用手扶除草机轻松修剪草坪。平时要照顾小孩的平林女士没有在打理草坪上花费太多时间，就获得了期待中的前院花园。

这里！

这里！

图中栽种在绿植周围的草坪令人印象深刻。在与铺设的地面形成鲜明对比的同时，草坪看上去也更加美丽了。

方法 1 _idea_ 1

小路和花坛间的草坪会给庭院带来一种整体感

用草坪填埋方砖小路和花坛之间的空地，这样脚下的路径和花坛就自然地连成了一个整体，花园整体的面貌也有了较好的改观。（K女士）

方法 2 _idea_ 2

用草坪掩盖土地，突出绿植的美感

可以用草坪来防止面向马路的花坛的水土流失。可以在此处栽种别处不需要或多余的花草，以便调节花草和草坪间的平衡，构成美丽协调的画面。（林田绿女士）

方法 3 _idea_ 3

在树下栽种的草坪看上去更加迷人

在计划铺设的圆形草坪里栽种一棵树。给树根铺满土，再在土表种上青青草坪。这样草坪会显得十分风雅，树木也更有存在感，更加醒目。（横井绘里女士）

技巧要点

不要让草坪入侵石板路和花坛，要经常打理、保持美观

长势旺盛的草坪会生长到铺设的水泥路上，入侵绿植的生长空间。可以用刀或割草镰修整出二者的边界，让草坪变得更加整齐。有了边界，即便不勤剪草坪，也能使其保持美观。如能将花坛和草坪间拉开 3cm 的高度差或抬高草坪，那么草坪就不会侵占花坛。这样，草坪在和花坛保持一定距离的同时，看上去也会更加自然美观。

轻松维持草坪美观

草坪的 5 项管理法则

修剪草坪貌似很辛苦,但只要做到以下5点,就能"垂拱而治"地拥有一片美丽的绿海。
让我们学习这5项原则,轻轻松松地去享受用草坪装扮的美好生活吧!

注意日照、排水、通风和环境等条件

这是包括养护草坪在内的所有植物都必须注意的几项要素。草坪不能保持美观,多是因为不能满足上述条件所导致的。草坪每天都需要至少4小时的日照,土壤最好能改良成沙土(捏攥湿润的土壤时,土壤不会凝结成块),草坪在良好的环境中才能健康生长、便于打理。

省心省事的日本草坪

草坪大体可分为日本草坪和欧美草坪。欧美草坪有全年常绿和寒地性特征,可用种子进行繁殖,是很宝贵的园艺素材。但它不能适应日本高温潮湿的气候,需要频繁管理,非常麻烦。相反,日本草坪能够适应日本的气候环境,是生命力顽强的原生品种,虽然冬季会枯萎,但地毯状的草坪可以轻松铺卷,容易生根也便于打理。日本草坪适合栽种在温暖气候的关东西部地区,有些品种也能在高冷的东北地区茁壮成长。

几种常见的日本草坪

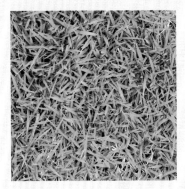

野草坪

管理:★★★　　　叶质:坚硬
耐踩踏程度:★★★　耐阴性:★★★
密生度:★★

这种草坪是日本的原生品种,最能适应日本的气候环境。可在从北海道到冲绳的全国范围内广泛栽种。它在任何土质中均能生长,生命力非常强大。

高丽草坪

管理:★★★　　　叶质:稍硬
耐踩踏程度:★★★　耐阴性:★★
密生度:★★★

这种草坪是日本草坪中最为常用的品种。它的密度大、外观优美,很难在东北等高纬度地区生长。

姬高丽草坪

管理:★★　　　　叶质:稍软
耐踩踏程度:★★　耐阴性:★★
密生度:★★★

这种草坪比高丽草坪更柔软,生有纤细的草叶,不耐踩踏,但坐上去十分舒服,适合栽种在关东西部地区。

原则 3 铺设草坪的最佳时期在 3~5 月上旬

草坪要在没有进入生长期之前进行铺设。此时的气温不高，利于草坪生根、稳定生长。近年，日本关东西部地区 5 月份的气温较高，所以应在 5 月上旬完成草坪的铺设。北部地区可在 4~6 月间铺设草坪。

原则 4 等草长高些再做修剪可以减少修剪次数

一般说来，草株生长到 20~30mm 时就可以对其进行修剪了，这是修剪草坪的最佳株高。如果等草株生长到 40~50mm 时再做修剪，那么修剪的工作量比起最佳株高就会减少一半。让草长得高一些还可以遮挡阳光对地面的照射，这样就能起到抑制杂草的作用。但也不要让草株超过这个高度，否则会影响草坪的美观。

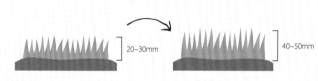

原则 5 早春清理草坪上的杂物并为之补土会让草坪生长得更美丽

早春或修剪草坪后，可用耙子清理枯叶、枯草。清理枯叶是早春必不可少的园艺作业。用耙子清理草坪可能会破坏草坪，要在草坪密度低的地方覆上薄土，这样就能提高草坪密度，打造出一片绵密的草坪来。清理草坪可以起到防止草株生长过高、草坪老化的作用。

像刷洗地板一样清理草坪。清扫后，如果草坪的葡匐茎也被牵出草坪，可以补一些土供其生长。

监修

铃木造园土木
铃木武士 园艺师

铃木先生在日本草坪生产地之一的茨城县筑波市从事草坪的生产、销售工作，同时还致力于公益造园、绿地管理业务，是日本草坪协会事务局、筑波草坪事业协同组合理事。

答疑解惑！有缺陷的花园该如何改造

建造花园时必然要面对环境问题。下文介绍的是常见的 4 大环境问题——"日照太差""土地面积狭小""土壤排水性差""和邻居的界线"，以及园艺师们提供的解决方案。

问题 1
日照太差

喜阴花草
都有哪些

怎样改变花园
灰暗土气的印象

怎样让心爱的花草
在背阴处也能开花

案例 1
田村纪子女士的花园

给华美的观叶植物
配上装饰品，给角落增光添彩

田村女士把宽阔的花园中的背阴一角改造成了令人向往的花园。可以选择把矾根、红背耳叶马蓝等五颜六色的观叶植物和花色粉红的皋月杜鹃等喜阴植物栽种在一起。让白色的装饰物显露在观叶植物间，这样能让植物看上去更加明亮光鲜。

在各色观叶植物间摆放上装饰物。动物造型等充满自然风情的雕塑会让园艺角看上去更加可爱有趣。

案例 2
藤浪千枝子女士的花园

用拱门提升高度，确保日照

藤浪女士一直把月季作为花园中的主角来规划庭院。南边的楼房会遮挡阳光，为了让月季尽情绽放，藤浪女士就加高了拱门，以便让阳光照进来。多设置几处拱门和花架，让月季的藤攀爬到外壁和房顶的网上。这样就能打造出一个抬头就能看见鲜花的月季隧道来，效果令人惊叹。

右图／几个拱门组合成的美丽鲜花通道。石桌和椅子是众多绿植中的点睛之笔。
下图／把在家具城买到的铁丝网和白色的挂钩挂到外墙，月季就能顺着铁丝网向上攀爬。

问题2
土地面积狭小

地面太小
不够用怎么办

怎样能在狭窄的
空间里多种花草

怎样增加花园的
进深感和立体感

案例 1

田崎京子女士的花园

用小家具布置花园，节省空间

田崎女士 37m² 的花园是用半个阳台打造的。由于阳台的地面铺设了地砖，所以无法做地栽。可以立起栅栏，让月季攀爬其上，设计出鲜花满墙的美景。再把梯子或桌子沿着栅栏摆放，作为花台和花架，打造出高低落差，给花园增添层次感。如此设计的效果不亚于地栽，花园看上去绿意融融。

上图/立起蓝灰色的栅栏，这样就能从下至上，由近及远地观赏美丽的花草了。
右图/用梯子和箱子打造出高台，既能有效利用有限空间，也能给绿植增加立体感。

左图/用月季·黄油硬糖、紫罗兰和开黄花的毛叶金链花等有存在感的植物来点缀，会让有限的空间看起来更加华丽动人。
下图/栏杆稀疏的栅栏能够表现出进深感。

案例 2

森协孝浩先生的花园

在墙壁上多种植物

森协先生将 20m² 的空地打造成了一个花园。在外墙下种植月季，在面对马路的篱笆上牵引铁线莲。这样一来，引人注目的花墙就做好了。栅栏的颜色要和淡粉色的外墙颜色相配，可选择浅茶色。背景色统一更能提升整体的氛围。

案例 3

濑山美惠子女士的花园

限制栽种面积能增强花园的开放感

这是个只有 16m² 的长方形庭院。可以把植物紧凑地栽种在进深为 60cm 的花坛中，这能让庭院看上去更加开阔宽敞。围着花园的蓝灰色栅栏、明亮的石头花台、划分花坛的地砖等设计都能让有限的绿植看上去更加美丽。

在用石砖铺设的花园中间摆上桌椅，构建一个令人放松的空间。这样一来，植物的养护也相对简单了。

问题3
土壤排水性差

植物在养护过程中总是烂根

怎样才能改良土壤

还有改良土壤以外的方法吗

案例 1
野口康男先生和佳代子女士的花园

修建一个养花槽，
打造让花草茁壮成长的花园

野口夫妇经常为排水性差的黏土质红土而苦恼。由于他们擅长DIY，所以建造几个养花槽就解决了问题。用水泥垒砌砖块，把土填入花坛，这样就能让心爱的花草茁壮成长了。砖块的材质和手感很好，且这样的设计也能提升花园的品质。

改良土壤不会立竿见影。因此必须持续改良。小林女士的花土是在改良的第5个年头初见成效的。

垒砌的花坛位置相对较高，进行园艺作业较为方便，日照较好，可谓一石三鸟。

案例 2
小林香代子女士的花园

通过改良土壤和暗渠排水
彻底改善种植环境

小林女士的花园是由填埋田地改建而来的。想改良黏土土质，在栽种花草时就要根据不同的园艺角调配腐叶土、牛粪堆肥、稻壳炭等改良素材，还要在家具城购买暗渠排水管铺设在土壤中，这样才能提高排水性，构建起让宿根植物和野草类花卉竞相绽放的精美花园。

图为两个围起来的花坛之间的小路。古朴的砖块更能衬托植物的质感与魅力。

怎样才能巧妙地
遮掩界线

隔断树长得太茂盛
也不好看

设置栅栏会
显得很拘束

案例 1
野尻明美女士的花园

搭建风格各异的墙壁
作为绿植的秀场

图为位于居民区的野尻家宅。包围花园的栅栏是在朋友的帮助下 DIY 修建的。公交站厅一样的休息长椅能让砖墙和木材巧妙地相融合。这样的设计不仅能起到遮掩效果，也能让它作为花园的亮点。

砖墙上设置的三角房脊装饰架构成了很有创意的栅栏。在装饰架上摆放漂亮的杂物和盆栽花还能调和周边景色。

图为带天棚的休息区。后边的墙壁上镶嵌有金属花纹护栏，并带有货架。白色的背景墙看上去非常清新优雅。

案例 2
小高雅子女士的花园

树木可以柔和地遮蔽界线，
创造一个清新的空间

图为小高女士委托"空间创造工坊工艺师朴"（埼玉县川越市）设计的树荫下日影斑驳的花园。原有的铁条栅栏与树篱、树木相搭配，就构成了如同天然森林一样的美景。打造这种花园的要点是，多多栽种大柄冬青、夏椿和连香树等直立性树木。栽种时要保持一定的间距，不要种得太密。要让它们与已有的树篱、栅栏自然融合。

紫荆亮丽的树叶是绿植的亮点。叶片肥厚的常青树会给人一种压抑的印象，搭配上轻灵的落叶树就能让花园的气氛变得柔和明快。

树木和里边看得见的树篱相搭配，就能较好地阻隔来自外界的干扰。再修建一条能够听到叶片摇动作响的休闲小路就更完美了。

打造令人心醉的秋季花园的技巧

秋季,植物在逐渐枯萎的过程中也能呈现出一派红橙黄茶宛若织锦一般的美景。如果对花园稍加打理,我们就能欣赏到秋天特有的精彩了。图片摄影/GARDEN SOIL(G)、玄藩农场(B)、花卉黑田园艺(K)

图为摇曳在金色阳光下和秋风中的黄色阿魏叶鬼针草和山桃草。花草纤细的株姿在阳光的照射下投出了梦幻般的阴影。(G)

寂寥秋色胜春朝

当花草结束了旺盛的生长期,花园也随之安静下来,迎来了沉稳成熟的秋季。我们在秋季能够轻松地打理花园,并通过观赏美景来陶冶情操。

可以在此时品味秋季花园的特有风韵。这时,植物的生长周期逐渐走向尾声,失去夏日生机的花草也沾染上了秋风的萧瑟之气,目之所及的一草一木都能引发人们的悲秋之心。秋草瑟瑟的景致较之清新秀美的春夏花园别有一番风情,能让人收获一份内心的宁静。

日照能让秋季花园魅力倍增。随着太阳轨道的降低,阳光的颜色也渐渐变红,这种色调与红叶和枯黄的植物十分相配,能为之增添温暖的色彩,突显植物的整体美感。

花期长的花卉在秋季时,其花色会比在其他季节时更为浓艳。在气温逐渐降低的过程中,花卉也会慢慢地结生花苞,绽放深色的花朵。

气韵浓厚的秋季美景是大自然给我们的馈赠。在自然的恩泽下,加之养花人的匠心,就能勾画出一幅成熟稳重的景色。下文介绍的就是具体的实践方法与技巧。

深棕色的栅栏上挂着栽种着多肉植物的吊盆,垂悬着王瓜的果实。橙色的果实让栅栏看上去温暖柔和了很多。

给秋季增光添彩的经典配色

亮色+深色

像被浸染过一样的
深紫色铁鸠菊

色调温暖明亮的
橙色野菊花

颜色清爽的
浅蓝色鼠尾草

×

淳朴的配色

左／芦笋流线型的美丽黄叶，由于叶片丰足，所以能很好地衬托周边的植物。（G）
右／花朵只剩些许粉色，地上部分已经开始枯萎的蛇鞭菊，形色兼具，魅力十足。（G）

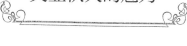

要点1
巧用花草间的对比
突显秋天的魅力

　　秋季的花草虽然会失去往日光鲜灵动的风采，但也会逐渐呈现出颇具艺术性的美感来。不过，如果不加修饰，任花草自然变色，它们的色彩就会变得枯寂凄美。当然，浓艳的花色也能带来一抹靓丽的风景。给深色的花朵配上明媚的白花就能构成更具感染力、更有层次感、更让人百看不厌的美景。

两种颜色的秋叶相映成趣，和花色鲜艳的大叶醉鱼草相得益彰

生有红叶的树木将深粉色大叶醉鱼草衬托得十分美丽。它茶色的花柄更能突显出秋季的特有风情。（G）

用杂物来装扮也能制
造出令人惊喜的效果

　　低调的杂物摆设也可以让秋季花园看起来更加美丽。在灰暗的环境中摆放上一个和花草一样鲜艳醒目的杂货，就能构成令人印象深刻的风景。

图为灰色的水泥墙和色泽灰暗的植物组合成的背景墙。可以配上一个暖色调的煤油灯，这样就能让整体气氛看上去更加活泼。

这是一扇被刷涂成浅蓝色的百叶窗。这样的窗户让花园的氛围看上去更加沉稳平和，让环境变得明亮活泼。

把五颜六色的花朵和深色的秋草搭配在一起

要把鼠尾草、光叶鬼针草等各种颜色的花朵与铜叶天竺葵相配，这样就能构成风情万种的植栽群落了。（K）

要点2

残留下来的徒长枝
更能让人体会到
意想不到的风情

不少夏花都能开放到秋季。长期绽放的花朵其株姿必定凌乱。但这样的株姿在秋风中舞动时更能体现悲秋的浓情。不要在花谢后马上修剪，观赏植物朴素的样态也是一种情趣。

修长的枝叶会突显
花草奔放的风姿

花草在历经春秋完成生长周期后就会长得很高，这也是秋季花草的一大特征，所以我们可以观赏到它们在风中摇曳的奔放样态。

感受倾而不倒的秋草秋花的那份坚强

波斯菊和马利筋摇摇欲倒的株姿是秋季独有的野趣美景。橙色的花朵给画面增添了一份温暖。（B）

让群栽花草
在秋风中起舞

把能够在风中优雅摇摆的纤细花卉栽种在一处，这样就能在起风时看到花海掀起的迷人波浪，以及花朵在凉爽的秋风中摆动的风姿了。

要突显花草柔美的线条

成群地栽种秋牡丹，以便突显它纤细柔美的线条。在前排栽种上坚挺的白色小菊花，这样就能让花草保持平衡，让景色看上去更加稳定安心了。（G）

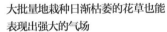

**大批量地栽种日渐枯萎的花草也能
表现出强大的气场**

夏季绽放的青葙到了秋季就只有花穗的顶端剩余着残花。把这样的花栽种在一起才会形成气场，驱逐寂寞感。（G）

**旁若无人的藤蔓提升了古
色古香的气韵**

图为向四周伸展枝条的蓝雪花。它和生锈的牛奶罐组成了朴素简单的画面。枝头的花朵给场景增添了明丽之感。

珍惜最后
一期花朵

在寒冷的地区，很多宿根植物在落雪前就被修剪掉了。其实这一时节也有尽力绽放的花朵，可以保留花苞，剪去杂枝，观赏末期的花朵绽放也是一种乐趣。

松果菊　　　　金光菊

丰硕的果实温情满满

　　夏季的果实多带有青涩的透明感。入秋后，越来越多的果实显现出了成熟的风韵，可以用色彩缤纷的果实来提升花园的氛围。沉甸甸的果实垂挂枝头的样子能让观赏者的心情随之振奋起来。

色泽浓郁的果实和深绿色的叶片酿造出了成熟的气韵

图为繁茂地覆盖在木制走廊房顶的藤本植物。色泽浓郁的果实为藤蔓增添了光彩，让苍郁的藤条看上去更加有活力。（B）

光鲜小巧的红果十分可爱

月季果能给窗台增添一抹暖色，其果实大小因品种而异。月季不仅花朵好看，果实也有很高的观赏价值。

用花期在秋冬的花朵
打造不畏严寒的季节感

　　有从夏季便绽放的花卉，也有花期在秋季的，再加上为冬季增光添彩的花卉，就能让我们强烈地感受到季节的变化。凌寒绽放的花朵能够让冬季的景色看上去更加梦幻空灵。

仙客来

11~3 月

仙客来是报春花科多年生草本植物。可将之摆在冬季的室外观赏。最好将之栽入花盆，摆放在没有寒霜侵袭的地方。

冬季开花的铁线莲

12~3 月

铁线莲是毛茛科藤本宿根植物。白色、乳白色的花朵向下绽放，虽然不够华丽，但却十分清纯。

鬼针草

10~12 月

鬼针草是菊科宿根植物。它的花期在百花失色的晚秋到冬季之间，会渐次绽放黄色的花朵。它的生命力强，易于培养。

学习*Innocent Garden*（纯臻花园）
的灯光运用技巧

在温暖的灯光映射下，柔美的花草投下了梦幻般的影子。
这是多么美妙的场景啊！
本章为大家介绍的是 Innocent Garden 的川锅正人园艺师设计的
与深秋气氛相吻合的梦幻灯光秀。

秋夜更漏长，喜看暖烛光

　　庭院里的夜灯多是以照明、防盗为目的来照亮整个院落的。可以设计一套体现草木风姿极具野性魅力的灯光秀。节能灯的问世让我们能在节约能源的同时观赏到花草在夜间的妖娆样态。划时代的灯具让我们不用求助专业人士也能亲手打造出心仪的美景。正因为大环境变好了，我们才有了参与实践的机会。

　　在设计灯光秀时一定要牢记：一切以实用为主！如在小路的尽头设置灯光，这就会让人深感不安，也会破坏庭院的整体美感。不必用灯光照亮整个庭院，用几处灯光由点到线地连在一起，就能打造出一个有一体感的庭院来。下文介绍的是实践性较强的灯光运用技巧，请参考这些方法，设计一场与秋天气韵相符的梦幻灯光秀吧。

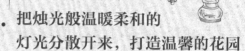

用聚光灯打造梦幻花园

下文介绍的是用节能聚光灯制造出的灯光效果。此类灯具可以应用在任何庭院、花园中。可以根据季节变化对其进行灵活操作，应用时也十分便利轻松。下面是川锅园艺师给出的几点建议。

在生锈的油漆桶上掏个洞，这样就能制作出一只适合自然风花园的简易灯罩。

把烛光般温暖柔和的灯光分散开来，打造温馨的花园

在各处花草根部设置灯头，这样一来，火焰般柔和的灯光就能照亮整个花园。给聚光灯罩上能够提升气氛的手工灯罩，以便控制光线的明暗度。还可以在没有电线或光线昏暗处摆放上真正的蜡烛，这能让花园看上去更加梦幻迷人。

这是请玻璃工艺师 Mee 定做的灯罩。这样的灯罩适合摆放在植物根部，以便突显梦幻的氛围。

用被花草掩映的聚光灯照射紫色的铁鸠菊，从而突显菊花的立体感。图片中的蜡烛是不会被风吹灭的特制蜡烛。

Lesson1

用植物或其他素材做间接照明

　　用砖块、剪掉的树枝、碎裂的花盆把强烈的光线遮挡起来，制造朦胧的美感。给灯光添加缓冲物柔化光线，映射出更加美丽的影子。这样的设计能把花园各处都装扮得美轮美奂。

从砖缝里散射出的浪漫灯光

用砖瓦遮挡住植物的根部，聚光灯的光芒就能从砖缝里散射出来，反射到砖瓦上的光线还能制造出具有立体感的效果。

上图为不加遮掩直接照射出来的灯光。此时，光影对比鲜明，反差较大，无法让人体验到灯光的朦胧美。

用灯光照射枝头的装饰物，制造有视觉冲击力的阴影效果

用剪下来的野茉莉枝条自然随顺地做一个有艺术感的装饰物，将之摆放在花园的入口处。映射在外墙上的影子更能为花园制造有意境的氛围。

高功率的聚光灯会给人带来强烈的视觉冲击感。图片中的是施工用灯具。放在红陶花盆中的聚光灯能映射出橘黄色的灯光，这样的灯光能够制造出幽雅的情趣。

新手也能安心应用的花园灯具

川锅园艺师使用的聚光灯都是 MAKE LAND 公司生产的 12V 花园用聚光灯。聚光灯共有 15 个型号；每个型号都有白色、琥珀色等灯色。电线与连接器相连，既可以分开使用，也可以加长使用，操作简单灵活。

<川锅园艺师使用的照明灯具>

左起分别是专用电线、分用·加长连接器、专用变压器、灯头。一只变压器可接 45W 的灯具（可连接 15 只节能灯）。

迷你落地灯　　脚灯

拆装简单的连接处　　灯柱

Lesson2
让灯具从下方照射透光好的花草

　　红铜色叶片、生有斑锦的叶片、银色叶片等色彩斑斓的叶片在灯光的照射下十分美观。灯光经过在叶片上的反射、折射，还能呈现出柔美的光芒来。此外，光线穿过纤细植物间的缝隙时，光影结合也能制造出令人满意的效果。

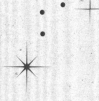

突显具有装饰性美感的美人蕉

可以用灯光让美人蕉呈现出胶片般完美的存在感。美人蕉宽阔的叶片在灯光照耀下倍显华美，呈现出一派如梦如幻般的绚丽与妖娆。

让灯光穿过斑驳茂密的叶片，观赏光线明暗变化时的神秘感

把聚光灯摆在生有白斑的茂密叶片的下方。从厚重的叶片间露出的光线形成了光与影的鲜明对比。

熠熠生辉的草穗生成了美丽的轮廓

在羽绒狼尾草"银狐"的根部摆放上一只定做的灯柱，从边角照射出的灯光会让草穗看上去十分美丽。

{这些花草也是制造灯效的好素材}

鸡冠花"红棍"　　　　铁鸠菊

Innocent Garden
（千叶县流山市）

园主 **川锅正人** 园艺师

主营室外建造、室外装修、庭院设计和施工的优秀园艺师。他以独特的感性打造的庭院能够让人感受到时光的流逝。他的作品在"国际月季园艺秀"大赛中成了引人注目的焦点。

http://www.innocent-garden.com/

秋季，栽种球根植物的最佳时期！

尝试栽种一劳永逸的球根植物

经验传授者 河野自然园（球根屋.com）
井上真由美 园艺师

井上园艺师是河野自然园的代表董事长。她除了培育球根植物和多肉植物，还组织过植物混栽讲习会、花园施工，著有《用小球根植物装扮天然风情的花园》（家之光协会）等作品。

【井上园艺师就是在这样的环境中培育球根植物的】

井上园艺师是在自己的园区里培育球根植物、测试植物的耐寒性和耐暑性。园区在神奈川县横滨市，这里的夏季平均气温为30℃，平均湿度为78%；冬季平均气温为10℃，平均湿度为55%，最低气温约零下1℃。本节为您介绍的是从横滨栽培记录中总结出来的栽种球根植物的秘诀。

【地中海沿岸地区】

这里的气候特点是夏季高温干燥，冬季温暖多雨。原产此处的球根植物具有较强的耐寒性，能够安然过冬。但是，这里的植物却很难忍受高温潮湿的夏季，请谨慎选种。

主要品种

【秋植球根植物】
鸢尾属植物、欧洲银莲花、番红花属植物、仙客来、水仙、雪滴花、夏雪滴花、雪百合、原生种郁金香、风信子、葡萄风信子、花毛茛等

【夏植球根植物】
秋水仙、番红花（藏红花）

井上园艺师的建议

既能在寒冷地区生长，也能在温暖地区生长的是生命力顽强的水仙、葡萄风信子和风信子。此外，雪滴花、原生种郁金香、雪百合也十分耐寒，番红花属植物、夏雪滴花比较耐热。欧洲银莲花、花毛茛特别畏寒。

Temperate regions in Northern Hemisphere

Mediterranean coast

South Africa region

【南非地区】

此处常见的是原产于地中海气候的南非西南部的球根植物。这里的球根植物虽然不耐高温潮湿，但由于这里的环境比地中海沿岸更加温暖，所以这里的球根植物可被视为半耐寒性品种。它们能耐得住0~5℃的低温，但不能在气温低于0℃的地方露天栽种。

主要品种

【秋植球根植物】
谷鸢尾、春季开花的剑兰、酒杯花、小星梅草、小苍兰、弯管鸢尾等

【春植球根植物】
红金梅草、酢浆草、马蹄莲、剑兰、宫灯百合等

【夏植球根植物】
纳丽花等

井上园艺师的建议

原产地虽然是确认球根植物是否能一劳永逸地栽种的重要参考，但同一原产地的品种不同，则其性质也不同。即便是生命力强大的原生品种，也有基因差、发育迟缓、不能正常开花等现象；也会因为连作或水土原因发育不良。这都是一些常见问题。要一边确认原产地和花园环境的相似度，一边尝试种植。

井上园艺师的建议

这些都是半耐寒性球根植物，可以栽种在气候温暖的地区。在我的横滨园区里，这些植物都能轻松栽种，特别是纳丽花、红金梅草等植物，它们的生命力都非常强大。

如果您觉得"球根花卉凋零后还要挖出种球，真是太麻烦了"，那么请您务必阅读下文。
这里介绍的是不需要把种球挖出来保存就能轻松养护的园艺品种。

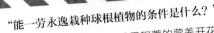

"能一劳永逸栽种球根植物的条件是什么？"

球根植物的生长特性是用种球里积蓄的营养开花，花谢后植株便进入休眠期，并在适宜的时期再次开花。

把种球从土里挖出来是为了防止夏季高温潮湿造成的烂根或冬季低温致使的冻伤。如果是经得住严寒酷暑的品种，种球就不必挖出来保存。所以我们只要选择生命力强大的品种去栽种，就能一劳永逸地观赏到球根植物的完整生长周期了。

"怎样选择适合自家花园的球根植物？"

- 首先要确认它的原产地。
- 如果花园的环境和球根植物的原产地相似，那么球根植物就能连年开花。
- 掌握并牢记球根植物的 4 处原产地。

轻松养护球根植物的注意事项

1 未经人工处理的原生品种比改良品种的生命力更加顽强。栽种原生品种更加省心省力。

2 有些品种的郁金香即便挖出来，次年也不会开花，所以应视作一年生草本植物将之清除。

3 为减轻种球的负担，花朵稍有败落之相时就要将之剪掉。应保留叶片做光合作用给种球汲取营养，直至叶片自然枯萎。花谢后要给植株施加礼肥，促进种球生长。

4 种球过大、分球、根须生长不顺都会影响开花，因此地栽球根植物要每 3~4 年挖出一次，在花箱里栽种的球根植物要每 2 年挖出一次。几年后，植株就会因为生长过密出现只长叶不开花的现象。届时，把种球挖出来再分株，植株就能再次绽放美丽的花朵。

5 如果在花坛和花箱等狭窄的空间中栽种，想要连年观花，就必须每年都把种球挖出来。

【北温带地区】

温带各地气候差异较大。球根植物多是生长在高原区的野生植物，虽然不耐高温潮湿的气候环境，但耐寒性较好。不过，由于球根植物分布广泛，所以同属植物也会因为品种不同而表现出明显的差异来。

主要品种

【秋植球根植物】
葱属植物、猪牙花、绵枣儿属植物、贝母属植物、百合等
【夏植球根植物】
石蒜属植物

井上园艺师的建议

有些球根植物的耐寒性差，在温暖地区也很难过冬。不过，花韭的耐寒性、耐暑性都很好，可以一劳永逸地栽在土里。

Central and South America region

井上园艺师的建议

绵枣儿属植物、百合、石蒜属植物拥有强大的生命力，无论气候冷暖都能一劳永逸地进行栽种。猪牙花、贝母属植物不耐酷暑、容易烂根，最好栽种在寒冷的地区，如在温暖地区种植，则必须在花谢后挖取种球。

【中南美地区】

南美洲西海岸为地中海气候，产自此处的球根植物大多不耐高温潮湿。因为此地全年气候温暖，所以大部分球根植物为半耐寒～非耐寒属性的品种。

主要品种

【秋植球根植物】
六出花、白棒莲、春星韭等
【春植球根植物】
孤挺花、美人蕉、雄黄兰、葱莲属植物、大丽花、水鬼蕉等

能够省心省力栽种的
秋植球根植物花名册

下文介绍的是井上园艺师在园区实践中总结出的栽种时让人省心省力的好品种。这些球根植物都有强大的生命力，非常便于养护。

※ 有些植物受环境和生长状况影响可能不会茁壮成长。注意：极寒地区、酷暑地区都不能以一劳永逸的方式栽种球根植物。

`适合栽种在温暖地区`

剑兰 "薄雾玫瑰"

鸢尾科
原产自南非地区
花期：5月下旬—6月
株高 50~70cm

图为花朵呈玫瑰色、艳丽动人的原生种剑兰。此花品性强壮，易于养护，但不耐寒，可在温暖地区栽种。

`适合栽种在寒冷地区`
`适合栽种在温暖地区`

郁金香 "明亮的宝石（Bright Gem）"

百合科
原产自地中海沿岸 ~ 中亚地区
花期：4月中旬
株高 15~20cm

这是一种生命力顽强、袖珍可爱的原生种郁金香，它柠檬黄色的花朵能把春天的花园装扮得十分亮丽美好。

`适合栽种在寒冷地区`
`适合栽种在温暖地区`

花葱 "变色龙"

百合科
原产自北半球温暖地区
花期：4—5月
株高 25~35cm

此类植物大多不耐高温，但小型品种的品质较为强健，可以省心栽种。变色龙是花色能从粉红色变成白色的美丽品种。

`适合栽种在寒冷地区` `适合栽种在温暖地区`

垂花虎眼万年青

天门冬科
原产自地中海沿岸地区
花期：5—6月
株高 20~30cm

生有竖线的银白色花瓣自带神秘感。因为花瓣剔透晶莹，所以此花也被称为玻璃花。此花虽然看起来很纤弱，但生命力却很顽强，易于养护。

`适合栽种在寒冷地区`
`适合栽种在温暖地区`

春星韭 "罗尔夫·菲德勒"

百合科
原产自中南美地区
花期：4月
株高：10~15cm

春星韭拥有超强的生命力和繁殖力，能够在短期内迅速繁殖。如果不希望它生长过旺，那么就可以将之栽种在花箱里。罗尔夫菲德勒花色深蓝、花形优美，是很有人气的花卉品种。

绿花谷鸢尾

鸢尾科
原产自南非地区
花期：5月下旬—6月
株高：50~60cm

淡青绿色的花朵酝酿出了神秘的气氛。晴天时的香气非常浓重。因为是原生品种，所以生命力顽强，但耐寒性稍差。

水仙"春之心跳"

石蒜科
原产自地中海沿岸 ~ 中亚地区
花期：4月中旬
株高：20~30cm

水仙非常适合在日本栽种，一经栽种就能轻松赏花。春之心跳是一茎多花的品种。花冠边缘略带桃色，看上去非常可爱。

风信子"阿纳斯塔西娅"

天门冬科
原产自地中海沿岸地区（西班牙西南部）
花期：4—5月
株高：20~30cm

风信子不畏严寒，可以栽种在寒冷地区。阿纳斯塔西娅能从一个种球上分生出3~5枚花枝，其气味芳香怡人。

大花魔杖花

鸢尾科
原产自南非地区
花期：4—5月
株高：25~35cm

此花白色的花瓣、黄色的花心看上去十分可爱。此花虽然不耐寒，但在温暖的地区却可以一劳永逸地栽种。

葡萄风信子"蓝夫人"

天门冬科
原产自地中海沿岸地区
花期：4月下旬—6月
株高：15~25cm

葡萄风信子极为耐寒且有较高的抗病性。蓝夫人是花色淡蓝的美丽品种。

无味韭（*Triteleia Laxa*）"瀑布"

天门冬科
原产自北温带
花期：3—4月
株高：25~40cm

此花就像小一号的百子莲，绽放着无数的星形小花，花色为淡紫色，很是清纯。群栽时就会呈现出图中的效果，耐寒性稍差。

怎样把冬季月季花园
打理得层次分明

我们要通过参观月季花园的支架构造，学习月季的修剪和造型要点。

因地制宜地搭建拱门，
打造没有压迫感的美丽景观

桥本家花园的外墙面积窄小，应打造一个可供人自由拜访的开放式花园。给花园路旁的月季造型时，要清晰地展现它的动态美，让花开放在最显眼的地方。另外，开在花园尽头和前院入口的月季必须要呈现出自然奔放的状态，要用层次鲜明的设计构造梦幻般的花园。前院的拱门可以栽种香气浓郁的月季，用花香迎接往来行人。越是面积小的花园越能让人近观美景，集中精力体会月季的美感。

巧妙地让各种月季缠绕在一起，
保持拱门美丽的造型

此处原本设计过一个小型拱门，2 年过后，即便撤去拱门，月季的藤蔓也能保持优美的弓形造型。桥本园艺师希望"栽种开满沉甸甸花朵的月季'迷迭香'来支撑拱门"。

英国月季　迷迭香

树形：爬藤　四季花开

树高：约 2m

▲ 图为从栅栏旁探出粗壮枝干的月季"迷迭香"。这种月季无刺，有浓香，最适合展现动态的美感。

▶ 把月季的几根枝条挂在铁丝弯成的几处钩子上，以便保持拱门造型。桥本园艺师说："空间狭窄会影响通风效果，致使植株生病，影响正常通行。"

为了固定月季的藤蔓，
要将之紧紧地牵拉到栏杆上

把绽放纯白色花朵的月季·繁荣牵引至路人经过的栏杆上。考虑到行人通过，可以在栅栏上做扇形布局。桥本园艺师说："外形也很重要，可用看起来很自然的麻绳做牵拉道具。"

▶ 桥本园艺师说："因为要把月季的枝条拉抻至高处，所以要使其尽可能地横向伸展。拉抻高度应设定在便于观看花朵的位置。"为了使藤条和周围的风景相协调，可以把几根藤条缠绕至藤架上。

▼ 直立生长的月季不必牵强固定，可以用下方的花草遮掩花根，协调整体。桥本园艺师说："为了避免月季受伤，要尽量顺应生长趋势去进行造型设计。"

杂交麝香月季　繁荣
树形：藤本　花开不断
枝条长度：约 3.5m

小幅度修剪·拉抻，
让月季的枝条生长得茂密奢华

窗下栽种的传统月季"紫玉"，可以保留不做牵拉的枝条，让它自然地垂在窗边。桥本园艺师说："给这棵传统月季做小幅度修剪、牵拉，可以保留它富有自然情趣的枝条。"

▲ 不要紧紧地固定枝条，要给小枝留出生长空间。小枝上会开花，所以要尽可能地调整造型。

◀ 把几根枝条固定在窗下，让它在窗口附近开花。桥本园艺师说："这里是园路的尽头，要让花朵在这里丰美华丽地绽放。"

传统月季　紫玉
树形：半藤本～藤本　花开一季
枝条长度：约 2.5m

※ 半藤本～藤本的传统月季，柔韧的枝条可做大幅度弯卷，开花时能够呈现出蓬勃旺盛的生机。

巧妙地布置奔放烂漫的月季，
打造生机盎然的美景

斋藤园艺师家的花园面积很大，可以在拱门、藤架、栅栏上大胆地装饰各种藤本月季，从而构成白色月季花与绿叶相互映衬的美妙画面。让月季释放天性、自由生长的同时，也能令来访者发出由衷的赞叹。把几米长的藤条完好无损地捆起来是一项高难度作业，很容易让初学者望而生畏。但也有既能保证藤条的美观，又十分简单轻松的操作方法。斋藤园艺师说："虽然没有专门的教材，但如果每年都能对月季进行实验性打理，慢慢就能总结出经验了。"可以从经验中总结出一套自己的实战技巧。这样就能在轻车熟路地操作时，打造出一派美景了。

让月季大胆地爬满墙壁，
上演立体的动态美

斋藤园艺师说："想把月季推送到面前开放时，可以采用这种方法。"可以小幅度地修剪新枝，不要把所有分生的枝叶都做牵拉，要根据花朵的重量来计算悬垂在面前的枝条量。这样一来，俊俏低垂的白色花朵就能尽情绽放了。

▶ 在牵拉修整时，可以把从栅栏上扯下的几根藤条捆在一起，这样藤条就不会纠缠在一起，能够平顺伸长了。

▲ 为了领略弓形垂枝的风情，不要把修剪至 15~20cm 的新枝固定在栅栏上。要让枝条看上去奔放热情的同时，巧妙地控制生长态势。

传统月季（Mme.Plantier）
树形：半藤本~藤本　花开一季
枝条长度：约 3.5m

摄影：斋藤京子

让花朵美丽均匀地开满藤架

在硕大的藤架上布满腺梗蔷薇。当藤架上开满白色的小花时，藤架仿佛也挂起了神秘的面纱。斋藤园艺师说："我每年都要修剪、牵拉藤架上的枝条。由于每3年都要从根部开始整理一次枝条，所以我在布置时必须考虑摘取藤条的容易度。"

▲ 这是在把今年新生的枝条整合牵拉之前的藤架。如果不加修整，就会影响美观，久而久之藤条就会顽固地纠缠在一起。

腺梗蔷薇
树形：攀缘蔷薇
花开一季
枝条长度：约10m

◀ 在天棚上的枝条要和藤架的横板相垂直、等间距铺设。

▲ 不要把根部的枝条捆得太紧，否则就会勒坏枝条。让根部的枝条靠在藤架上，用麻绳固定住即可。

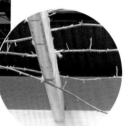

▶ 把枝条均匀地在藤架上铺开后，要让生有2~3个分枝的藤条顺着藤架下垂，并将之固定。同时也要让藤架内侧散布花朵，以便观赏。

把花开有差别的品种对比栽种，设计出不对称的造型

让2种月季以半拱门状从拱门两侧进行攀爬。斋藤园艺师说："我在栽种花苗时并不知道右边的甜蜜朱丽叶并不适合用于给拱门造型。但拔掉它又很费力，所以每年都得做修剪。今年我也做了大幅度的修剪。将来，我想让它在根部也能开花。"

▲ 右边甜蜜朱丽叶的花茎很长，花朵会开在高处。所以可以对枝条做大幅度修剪。
从左边攀爬上来的粉红努塞特生长缓慢，只能做轻度修剪。

（右）英国月季"甜蜜朱丽叶"
树形：藤本　气候适宜就能开花
枝条长度：约2m
（左）传统月季"粉红努塞特"
树形：攀爬　花开不断
枝条长度：约4m

神奈川县
石仓千鹤子 园艺师的月季花园

图为石仓园艺师遍布着柔美月季的 5 月花园。攀爬在自然风的麻绳上的月季给人留下了极其深刻的印象。

"周末＋瓢虫"的园艺师们教授的月季打理法

让春季的月季花园熠熠生辉
学习月季的冬季打理法

本节以月季花园"周末＋瓢虫"的园主为石仓千鹤子打理的月季花园为例，讲解月季全年的打理方法，以前后效果对比的形式介绍月季在冬季的修剪法和牵拉法。

Profile

【监修】
"周末＋瓢虫"月季园主
http://wplusl.exblog.jp/
数见牧子_{园艺师}**＆富崎启子**_{园艺师}

有过园艺店工作经验的她们曾去英国留过学。在国外的百姓农园和植物园进行了园艺领域的研修。回国后创建了"周末＋瓢虫"花园。她们以一般花园为主，主营月季的修剪、牵拉、品种选择及种植养护等业务。

打造令人心动的英式田园风花园

石仓女士进深大的花园里开满了粉色、紫色等色彩柔和协调的月季花。小羽团扇槭（Acer sieboldianum）和日本小叶梣等直立生长的树木给花园增添了柔和的气氛，很好地与甜美芬芳的月季保持了平衡感。

3年前，石仓女士在修建两代同堂的房屋时修整了东西合璧式的花园。花园的修建委托给了擅长打造欧风庭院的BROCANTE公司（东京都目黑区）。石仓园艺师向施工队讲述了她在旅途中的见闻，希望能打造出一个英式田园风花园来。铺满石阶的园路、木制的栅栏、壁泉等都是她希望施工队在花园里添置的必备要素。

石仓女士说："除了月季，我还想多多地栽种树木和宿根植物。"带有女性般温柔气质的月季会让厚重的石材看上去更加柔和，在其间栽种树木和宿根植物，能让人感受到花园的整体感，以及舒心平和的美感。

"我只做夏季的月季修剪，冬季的修剪比较困难，所以拜托给了'周末＋瓢虫'的园艺师去处理。她们还向我介绍了选择月季品种的多种方法。"

于是，被修剪后的月季释放出了原有的美艳，在绿意浓浓的花园中绽放得赏心悦目。

路旁的木栅栏是根据英式庭院修建的。花草相配得当，月季更显美丽。

映入眼帘的是月季攀爬
在墙壁上的旺盛小花

图中的月季"智慧"开着粉红色的可爱小花。
由于这是一种结花多、繁殖力旺盛的品种，所
以可以牵拉到栅栏上细细品味、慢慢观赏。

有进深的园路更能突显月季的美丽

高直的树木能够增加园路的进深感。在柔美的绿园中，
月季红色、粉红色的花朵格外显眼。

用树木和花草将各种月季
衬托得更加光鲜照人

花园地图
Garden Map

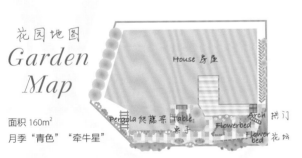

面积 160m²
月季"青色""牵牛星"

装扮园路的月季能让水台显得更上档次

栽种在小路两边的月季不仅能给小路增添魅力，更能让水台倍显浪漫。

用藤本月季柔化坚硬的水池

花朵像小碗一样的蔷薇"瑞
伯特尔"包围着连接壁泉
的 BROCANTE 公司设计的
水池，柔化了水池岩石的
坚硬和冰冷感。

石仓女士的月季花园

1年的打理要点

下文介绍的是石仓女士对月季的日常养护方法，以及"周末＋瓢虫"的园艺师们在打理月季时的全年作业要点整理。

$12 \sim 2$ 月

在冬季做修剪、牵拉，修整美丽的树形

- **冬季修剪** 藤本月季在12~1月修剪，树状月季在2月修剪
- **牵拉，预防病虫害** 清除落叶
- **栽种花苗** · **移栽**
- **施加寒肥** 有机肥的肥效较短，可配合施加缓释性化肥。
- **驱除介壳虫** 用刷子扫除枝条上的介壳虫，在月季休眠时涂抹机油乳剂。

图中是在用刷子清除枝条上的介壳虫。要特别注意清理枝条分叉处和里侧。

$3 \sim 4$ 月

5月的月季花园只要稍作打理就能出现彻底的改观

- **摘芽** 以现代月季为例，如果藤条的某处发芽过多，只保留长势旺盛的芽即可。
- **给盆栽月季追肥** 浇水会使花肥流失，所以要及时追肥，但地栽月季基本不需要施肥。
- **预防白粉病、露菌病** 可以喷洒各种品牌的百菌清、杀菌剂进行预防治疗。
- **杀虫要点** 须喷洒杀虫剂杀虫，同时要查看新芽上是否生有小麦蚜虫、杜鹃蜂幼虫、夜盗虫、卷叶虫等害虫。

$5 \sim 7$ 月

养护明年春天的开花枝

- **摘除花柄** 在花朵变成茶色之前，要摘除花柄，这样才能催生新芽。
- **修剪新枝** 当新枝长到30cm时，就要用手折断枝头，调整树形。
- **梅雨季之前的病害预防** 可以以雨水为媒介，给植株喷洒各种杀菌剂，多种杀菌剂应轮番使用。除此期间，也可以在水中加入壳聚糖或乳酸菌再去浇水或将药剂喷洒在叶表。

掐尖作业，用手折断枝梢

$8 \sim 9$ 月

夏季的浇水量决定秋季的结花量

- **抗旱要点** 要充分浇水。干旱时更要大面积覆盖式浇水。这时浇水会影响秋季花朵的发芽和结花等状态。
- **夏季修剪** 为了让四季开花的月季在秋季多多开花，必须小幅度修剪枝梢部分。
- **固定藤条** 为防止台风折断花枝，可对其进行固定和牵拉。
- **修剪新枝** 与5~7月的处理方法一样。
- **杀虫要点** 要检查月季根部是否生有天牛（如果有，枝干根部就会出现木屑）。

$10 \sim 11$ 月

尽情地观赏秋季的月季，为其过冬做好准备

- 摘除秋花的花柄
- 调配栽种花苗、移栽用土
- 订购花苗

月季冬季修剪的各种方法
前后对比，一目了然

【石仓家】

冬季要对月季的枝条进行修剪和牵拉。藤本月季的修剪期间是12~1月，月季树的修剪期间是2月。本节以石仓女士的花园为例，根据不同类型的攀爬架介绍操作方法。

方尖碑爬藤架
Obelisk

根据美观度和通风性做留有余地的牵拉
让枝条保持间距、把枝条向方尖碑的外侧做缠绕牵拉，这样才能在花期看到美丽的花朵。

【修剪前】

【修剪后】

【花期风貌】

1. 把方尖碑爬藤架内侧的枝条向外牵拉

图中是枝条较硬的藤本月季"科莱特"。像图片中示范的那样把枝条从方尖碑爬藤架里牵拉出来，这样修剪会容易得多。

2. 为避免枝条缠绕在一起，应把每根枝条做单独牵拉处理

让枝条缠绕藤架，可从下方枝条开始向上做单枝牵拉处理。先牵拉卷曲较粗的枝条会更有效率，枝条如果造型优美，那么花期时的整体效果也会很好。

3. 不要让藤条把爬藤架完全包裹起来，要露出铁架，留有余地

不要让藤条把爬藤架完全包裹起来，牵拉时要露出铁架的支柱，给观赏者"留白"的空间，这样效果会更好。

栅栏
Fence

树立个性的栅栏，栽种美丽的月季
可以让4种月季柔韧地攀爬在栅栏的绳索上。要先确定主角月季的观赏角度，再对其进行牵拉修整。

【修剪前】

【修剪后】

【花期风貌】

1. 把自由散漫的枝条有序地修剪整齐

朝向马路一侧、通风和日照均好的月季会生长得相对旺盛繁茂。以新枝为中心确定方向，边修剪边整理枝条。

2. 首先牵拉做主角的月季

做主角的月季是开花丰厚华丽的"方丹·拉图尔"。由于它的枝条很柔软，所以可以让它随顺地缠绕在绳子上。

3. 把所有的月季平衡均匀地牵拉起来

花期时可以让花色深浅有别的4种月季开在一起，但牵拉时不要让它们的枝条过度掺混。

花坛 Flowerbed

为了能在室内观花，修剪时要控制藤条的长势

在窗前栽种月季树时，为便于室内观赏，修剪时就要控制树高。

【修剪前】

1. 树状月季容易长高

日本的树状月季即便是小型品种也一样容易长高，所以应该事先预测树高，并在冬季进行修剪。

2. 可以让窗边的树状月季长得高一点，让路边的树状月季长得矮一点

要根据窗口的高度，对窗边的枝条做小幅度修剪，使其较其他枝条稍高即可。为了方便通行，路旁的树状月季要剪得矮一点。

【修剪后】

【花期风貌】

3. 盆栽树状月季在狭小的花盆里也能展现花朵的魅力

在花盆里栽种树状月季可以选择结花多的英国月季。这种月季在相对较小的花盆里也能尽情绽放。

【花期时马路一侧的风貌】

4. 设计由 4 种月季构成的鲜花瀑布

从右上角起，月季品种依次是：开紫色小花的传统蔷薇"维奥"（Rose-Marie Viaud）、淡粉色的"方丹·拉图尔"、粉色的"达梅思"、紫红色的"法尔斯塔夫"。

寒冷地区的园艺师亲传

值得借鉴的
花草过冬技巧

时至晚秋，花友们会越发关心花草的过冬技巧。心爱的花草如果被冻死，那是令人非常遗憾的。本节介绍的是在寒冷地区的花园园主们从实践中摸索总结出来的花草过冬经验。

Ueno Farm

为防御严寒就要
寻找万全之策

【上野农场】 上野砂由纪 园艺师

所在地：北海道旭川市　最低气温：−30℃左右
积雪深度约 120cm　积雪时期：12 月中旬 ~3 月上旬

Lala Club

栽种耐寒的花草
便可省心省力

【花工坊拉拉俱乐部】 栗田启 园艺师

所在地：岩手县岩手郡雫石町　最低气温：−17℃左右
积雪深度约 150cm　积雪时期：12 月下旬 ~3 月上旬

Garden Soil

观赏衰草的
同时度过寒冬

【GARDEN SOIL（花园净土）】
田口勇 园艺师　片冈邦子 园艺师

所在地：长野县须坂市　最低气温：−10℃左右
积雪深度 20~30cm（有时可达 60~70cm）　积雪时期：12 月下旬 ~2 月下旬

插画 / 浅野知子

剪除宿根植物、保护地下根

- 10月中旬，要把宿根植物齐根剪掉，否则雪后处理残留的茎叶会非常困难。这样做也有利于春季作业的顺利开展。此后，清除植株间的杂草，施加以树皮为原料制作的堆肥。这样做既能防冻，又能给植物追肥，可以起到防止杂草生长、保持水分的作用。

- 要给不耐寒的植物多加腐叶土进行保护。不要栽种要费心保护的植物。天竺葵、松果菊等植物都非常耐寒。

这是把所有的宿根植物的茎叶都剪除后的整洁花园。被雪盖住的宿根植物的根部就像盖上一层棉被一样能够安然过冬。

- 11月中旬，要剪掉被霜打过、花色变成茶褐色的圆锥绣球。12月上旬，要剪掉被雪压弯腰的长茎宿根植物和其他花草。

- 栽种特别耐寒耐霜冻的植物则不需要对花根做特别保温。下列植物均为耐寒性极强的园艺花卉：长叶肺草"黛安娜·克莱尔"、狭叶鼠尾草、白头婆、丝兰叶刺芹、结霜珍珠宿根草等。

- 铁筷子是个例外。由于它的叶片会被冻伤，所以10月上旬就要上堆肥保护花根，再在12月上旬把地上茎剪掉。这样会使植株在3月下旬多生花芽。

左上 / 生有白斑的长叶肺草"黛安娜·克莱尔"会在春天绽放紫色的花朵。
右上 / 可以栽种带黄边的白头婆，它的叶色很是美丽。
左 / 丝兰叶刺芹圆形的花穗十分可爱。

圆锥绣球等株姿秀丽的植物要尽量保留地上部分，欣赏秋野的景色也是一种快乐。

- 11月中旬，要剪除被风雨刮倒、枯萎的夏秋开花宿根植物。但由于枯萎的花草也有一种凋零美，溢出的花籽可以自然播种，所以不要全部割除。

- 12月下旬，要剪掉被雪压倒的中长高度的宿根植物。要防止切口枯萎，应从能立即确认植株位置的距离地面10cm高的地方做剪切。薰衣草等会木质化的植物要剪掉株高全长的一半，给亚木绣球保留50~100cm的株高。

- 整理落叶树的枯叶，把牛粪堆肥、树皮堆肥和草木灰混合在一起，洒满整个花园，保护花根。

【下雪前的准备工作】

月季的修剪和保护

Ueno Farm

『上野农场』

（北海道旭川市）

上野砂由纪园艺师

- 10月下旬起，就要对会在寒风中枯萎的树状月季进行小幅度修剪。从11月上旬起，除了生命力顽强的原生品种，要给其他品种的月季做防雪围栏。要用稻草绳轻捆植株的枝条，再把树皮堆肥等撒在距离树干根部30cm远的地方护根防寒。可以在植株周围支起竹竿搭建的支架，围上保温性和透气性均好的防寒布，再用绳子将支架和防寒布固定在一起。
- 要剪掉藤本月季向外逸散的枝条，再将之小心地压倒，埋在雪下过冬。为了把小型月季顺利地埋在雪里，要在距离根部30cm处入锹，把根部向上稍稍挖起。再缓缓地将月季放倒，对其全体进行覆盖防护。

用墙地材保护膜来保护月季是月季栽培师传授的方法。上野农场用的是一村产业公司生产的"SUPERCOAT MAX"。

Lala Club

『花工坊拉拉俱乐部』

（岩手县岩手郡雫石町）

栗田启园艺师

柠檬甜酒、薰衣草美迪兰等修景月季的耐寒性和抗病性极强，只要做好花根的保暖工作就能顺利过冬。

- 9月下旬~10月上旬时，在月季植株根部施加3cm的追肥和牛粪、鸡粪等堆肥，以便保护根部。
- 为了让植株进行光合作用，要尽量保留叶片，不要在秋季修剪，要等雪化之后再做修剪。
- 花工坊拉拉俱乐部的月季大多是枝条柔软修长、生命力顽强的美化装饰用月季。如果为了防雪把枝条绑起来，那么强风可能会把植株连根拔起。所以不必捆绑枝条，让它随寒风摇摆，自然地坚强过冬即可。

Garden Soil

『GARDEN SOIL』

（长野县须坂市）

田口勇园艺师
片冈邦子园艺师

- 为避免树状月季的枝条被雪压断，要在12月下旬做好防雪支架。在植株四周竖起3~4根竹竿，用麻绳把竹竿捆成圆锥状，再固定住。
- 剪掉藤本月季生长过长的新枝，为避免枝条被雪压断，也要将之固定在墙壁和拱门上。
- 腺梗蔷薇或月季"泡芙美人"等都非常耐寒，适合在寒冷地区栽种。

不要小看积雪的破坏力。防护架能够起到防止月季被雪压坏的作用。

其他作业

- 陶盆会被冻裂，应将之擦干，放在不会被雨淋湿的地方。
- 给怕冻伤的装饰物蒙上塑料布做保护。
- 10月中旬可以栽种下秋植球根植物。春季时要把不耐寒的种球从土里挖出来。

砖块在吸水后会冻得胀裂，要给砖墙蒙上塑料布防寒。

- 10月下旬时可以栽种秋植球根植物。花工坊拉拉俱乐部的样板花园里会栽种百合、葡萄风信子、贝母属植物、独尾草、大糠百合等极其耐寒的植物。

耐寒的百合品种有麝香百合、卷丹、东方百合等。

- 10月中旬时，可以栽种水仙、雪百合等秋植球根植物。12月下第一场霜时，可以把春季栽种的大丽花、美人蕉等不耐寒的球根植物从土里挖出来，放到无霜冻的地方保存好。

挖出来的球根植物要分别用报纸包好，再放进塑料袋，贴上标签，放进纸箱。

【积雪消融之后的作业】

观察积雪融化程度，剪除、牵拉被冻伤的枝条

- 从3月中旬开始，积雪就会逐渐消融。可以在4月上旬撤下月季的防雪支架。但如果不能审时度势地把防雪支架一次性拆除，就会冻伤月季。作业时切不可大意。要多多关注天气和气温变化，慎重选择防雪支架的撤除时期。
- 撤除防雪支架后，要找到并剪除月季被冻伤的枝条。

- 3月中旬起，积雪会逐渐消融。如果想让积雪迅速融化，可以把碳粉撒在积雪上。黑色的碳粉吸收太阳的热量，能够融化积雪。而且，碳粉还能给土壤提供营养，可谓一举两得。
- 花工坊拉拉俱乐部一般不在秋季修剪月季，而是等积雪融化后，把冻伤的部分一起剪掉。

- 3月上旬时要在积雪融化后检查宿根植物的根部状态。可以把残留在地上的根茎、小幅度修剪过的根茎贴地面剪断，这样才能使之顺利萌芽。
- 霜冻和生活在地下的鼹鼠会让植物的根部向上浮动。如果放任不管，就会伤根。可以踩实土地，让根须恢复生机。
- 拆除月季的防雪支架，在其枝条萌发新芽前进行修剪、牵拉。

花草和我的天敌

驱虫大作战

~冬季篇~

冬季作业重在驱虫

在归于宁静的冬季花园里，植物和昆虫都进入了休眠期。为避免春回大地时虫害复发，可以在冬季驱除害虫，防患于未然。只有在冬季做好驱虫工作，春季才能免受其害。

监修：**柳下和之** 园艺师

园艺研究家。DOIT 花木与野店店长。拥有丰富的园艺知识，号称"行走的植物图鉴"，对昆虫等生物的生活特性也了如指掌。

Check 1 除尘时检查虫害隐患

Point 1　打扫落叶

落叶虽然有助于宿根植物保温且效果较好，但也能成为蛾卵的栖身之所。要把落叶和虫卵一起清扫干净，用清洁的树皮或堆肥代替落叶给花根保暖。

如果想用落叶做腐叶土，就要给它准备一个单独的储存处。再用塑料布蒙住落叶，并不时加水搅拌。如果保温做得好，那么 1 年后就能收获到腐叶土了。

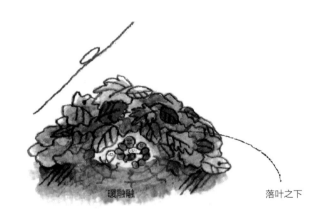

暖融融　　　　　落叶之下

Point 2　清理花盆底部

花盆底部、花盆之间、排水孔处都可能存有蚯蚓或鼠妇等昆虫。它们虽然能把落叶分解成土，是很好的清洁工，但也会啃食新芽。驱除它们可以减少虫害。

花盆之间

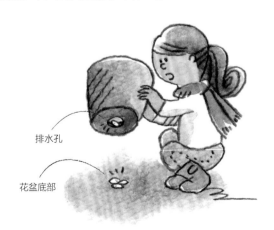

排水孔

花盆底部

此外，在杂草丛生处割草后再铺上防草垫，也能有效防止杂草的春风吹又生。塑料垫可以遮挡植物生长所需的阳光，有效防止野草生长。如果掉落在垫子上的草籽在垫子上发芽，届时只清理垫子即可。拔除根系发达的杂草会破坏草坪，可以播撒除草剂，等杂草枯萎后再拔除。在防草垫上铺上树皮屑或沙子，能让它看上去更加美观。

花园里的常见昆虫

害虫

鼠妇

鼠妇受到刺激时，身体就会缩成一团，多以腐烂的枯叶和昆虫尸骸为食，也会侵食柔软的新叶和果实。由于它们的食量很大，所以会迫使植物停止生长。它们多在潮湿的花盆底部群居，清扫时要多多注意这里。而且，它们能以成虫的状态过冬。

深受其害的植物

- 所有花草的花瓣和新芽
- 柔软如草莓般的果实
- 发芽的花苗等

对策

很多药都可以有效除虫，但要根据植物选择药物，应向专卖店咨询。

蛞蝓

蛞蝓多生长在闷潮的环境中。可以经常清理花盆底部、拉开花盆间距，以便降低虫害的发生率。它们会在夜间活动，应在夜晚检查它们是否有侵食植物的迹象。花盆底部和花盆之间是它们的栖身之所，清扫时要多加注意。

深受其害的植物

- 所有花草的花瓣和新芽
- 柔软如草莓般的果实
- 发芽的花苗等

对策

不能用肉眼看清的蛞蝓是从早春起开始活动的，可以撒药驱虫。

益虫

笋蛭

笋蛭的头部呈扇形，体长为 0.1~1m，宽不足 1cm，是吃蛞蝓的益虫。

花蚰蜒

花蚰蜒体长约 3cm，生有细长的足，生活在落叶、石缝和土壤中。它昼伏夜出，是吃天蛾幼虫、蟑螂的食肉益虫。

无害虫

潮虫

出没于草地和石头下方，吃腐殖有机物，能够分解土壤。不会侵食植物，也不会传染病菌。

马陆

体长约 3cm，以落叶、朽木、菌类、蘑菇等能够转换成腐殖质的物质为食。它们受到刺激后，会释放臭气。

翻地施肥抓害虫

翻地施肥是翻起土壤并在土中加入腐叶土和堆肥等有机物改良土质的冬季作业。翻地也能发现在土中休眠的害虫。昆虫大多在地下深10cm处休眠过冬。先浅挖泥土，检查土中是否有虫。发现成虫要及时捕杀，并把虫卵冻死在寒风中。

哇！

害虫

花园里的常见昆虫

很多昆虫都是在土壤中过冬的。不同昆虫在冬季的形态各异，但少有昆虫是以成虫形态过冬的。应在翻地时仔细检查土壤中的虫卵。

地下昆虫的形态

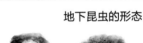

幼虫　　蛹　　成虫

夜盗虫

它们是斜纹夜蛾等蛾类的幼虫，经常昼伏夜出侵食叶片。唇形科、十字花科植物是它们的主要侵食对象。

（幼虫）

深受其害的植物
- 羽衣甘蓝 · 紫罗兰
- 鼠尾草等

啃咬花根的害虫

此类害虫多为蛾的幼虫。它们白天隐藏在叶片背面和植物的根部，夜间侵食花草和蔬菜。它们很像夜盗虫，但对根的伤害更大。

（幼虫）

深受其害的植物
- 香豌豆等豆科植物
- 菊花 · 草坪
- 蔬菜等

墨绿彩丽金龟的幼虫

（幼虫）　（成虫）

很多植物的根须都会被此类害虫侵食。因为它们很少在地上活动，所以不易及时发现。虫害发作时，植株就会突然停止生长。其表现是，即便土壤湿润，植株也会呈现缺水般的枯萎状。成虫会在叶脉上大肆侵食花叶。

深受其害的植物
【幼虫】· 月季 　· 针叶树类植物
- 果树类植物等
【成虫】· 月季
- 果树类植物（特别是葡萄）
- 绣球等

贵州天蛾的蛹

（幼虫）

这种大型天蛾幼虫的尾部生有凸起物，食欲旺盛，能瞬间吃尽叶片。在幼虫长成成虫前要经常检查，及时捕杀。

深受其害的植物
- 橄榄 · 光蜡树
- 栀子花等

蛞蝓·鼠妇

详见p77

 对策

啃咬花根害虫的防治办法

传统的方法是把碎鸡蛋皮洒满植株根部，这样幼虫不好隐藏，就能降低植株的受害程度了。

 对策

墨绿彩丽金龟的防治办法

把珠光体搅拌在土壤中，这样就能产生玻璃状的结晶，并能减少虫害发生，再喷洒上杀虫药就能更加放心地操作了。

Check 3 修剪树木时检查虫卵

冬季是修剪树木的最佳时期。给树木做修剪时，要顺便检查有无栖身在树上过冬的害虫。很多害虫都会寄生在落叶树上，要着重检查此类树木。不能被北风吹透的隐蔽枝条也是害虫的栖身之所。

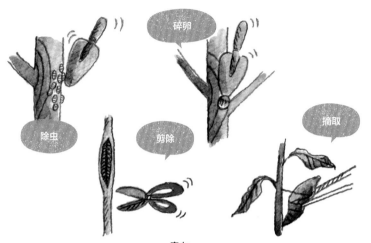

碎卵

除虫

剪除

摘取

对策

要注意驱除顽固的蚧壳虫

清除害虫后，要给树木喷涂润滑油或奥特兰水和剂（**オルトラン水和剂**）等杀虫剂，这样才能做到有效防虫。为防御蚧壳虫，可以像给树木淋浴一样，用杀虫水冲洗植株上的幼虫。

害虫

花园里的常见昆虫

黄刺蛾的蛹	介壳虫	凤蝶的蛹	玫瑰黄腹三节叶蜂

（幼虫）

（幼虫~成虫）

（幼虫）

（幼虫）

生有黄白色斑纹的卵状茧是垂挂在树枝上的。被触碰的幼虫会像被强烈电击一样竖起毛刺。它们以树叶为食。

介壳虫会吸食枝干中的汁液。成虫生有蜡质外壳，所以很难用药驱除。它们会用分泌物传播煤病。

茶色的蛹会挂在树枝上。幼虫绿色的躯体上生有黑色的斑纹。被触碰后，幼虫会用触角释放气味来示威自保。它们多会猛烈侵食有香气的叶片。

躯体为橙色的玫瑰黄腹三节叶蜂会把卵成排地产在枝条上。要剪掉枝条，因为幼虫会群聚枝头，对叶片的危害极大。

深受其害的植物
- 柿子树 • 枫树 • 蓝莓等

深受其害的植物
- 含羞草 • 梅树 • 月季等

深受其害的植物
- 柑橘类植物 • 芹亚科芳香植物 • 山椒等

深受其害的植物
- 月季

Check 4 培育过程中清除害虫

摘除

豹纹蝶的成虫美得令人惊艳

害虫

花园里的常见昆虫

飞蛾于秋季产在叶片背面的卵会在次年春季孵化出来。幼虫会侵食三色堇和紫罗兰。2~3月时，一旦发现幼虫有侵食叶片的迹象，就要注意检查除虫。

斐豹蛱蝶的幼虫

（幼虫）

这是一种黑色躯体生有橙红色毛刺的小毛虫。虽然它们长得很怪异，但却是无毒的。幼虫会侵食三色堇和紫罗兰。

深受其害的植物
- 三色堇 紫罗兰类的植物

花草和我的天敌

驱虫大作战

~春季篇~

在草长莺飞的春季,治理虫害要防患于未然!

冬季时,蛰伏的害虫和休眠的野草在春回大地时又会再次复活。下文是害虫和野草一览表以及相应对策,请认真阅读。

监修:柳下和之 园艺师

园艺研究家。DOIT 花木与野店店长,拥有丰富的园艺知识,号称"行走的植物图鉴",对昆虫等生物的生活特性也了如指掌。

害虫篇

植物会在气温回升后逐渐萌芽,而害虫最喜欢侵食鲜嫩的萌芽和新叶。此时,各种侵害植物的害虫真是令人头疼不已。应趁问题容易解决时及时处理,这是非常重要的。

虫害日历

以下是各个月份需要多加注意的害虫,以及对各类虫害的总结。由于虫害并不在指定月份发生,如果放任不管,害虫们会在后期持续侵害植物,所以应尽早处理。

"辣手摧花"的害虫急先锋

3月开始

蚜虫
蚜虫群生在柔软的新生茎叶上,它们用口针吸食植物的汁液,会给植物生长造成负面影响。它们还是传播病毒的媒介。

夜盗虫
夜盗虫是夜盗蛾或斜纹夜蛾、红棕灰夜蛾的幼虫。它们在夜间活动,会对叶片造成严重的伤害。而到了白天,它们又会隐藏在土壤中。

叶潜虫
这种害虫会潜藏在叶片中侵食叶筋。虫害严重时,会威胁植物生长。

5月开始

介壳虫类
它们附着在茎叶上,吸食植物的汁液。成虫躯体四周生有蜡质,很难被药剂清除。它们的分泌物能传播煤病。

叶螨·粉虱类
此类害虫生长在叶片背面,吸食汁液。虫害严重时会致使叶片全体变黄。可以浇水淹死这些害虫。

黄刺蛾(幼虫)
黄绿色的躯体上生有毒刺的幼虫会侵食各种树叶。触摸虫体会产生被电击的痛感,捕捉时要多加小心。

贵州天蛾(幼虫)
贵州天蛾幼虫体长 5~8cm,较为容易发现。它们的尾部生有角状突起物。它们能把叶片全部吃光,给植物造成很大的伤害。

舞毒蛾(幼虫)
新生的幼虫会垂丝下来随风散布。长大些的幼虫体长可达 5~7cm,会给各种树叶造成严重伤害。

蛞蝓
它们会侵食花草的新芽和新苗,蔬菜和水果,影响花卉的美观。它们是寄生虫的宿主,触摸后要及时洗手。

6~7月开始

天牛幼虫
天牛幼虫俗称"铁炮虫"。它们侵食树木的枝干,会使树木枯萎,多潜伏在树根附近,排泄木屑状的粪便。

天牛幼虫栖身的树洞

月季象鼻虫
象鼻虫是生有大象鼻子一样的口、体长 2~3cm 的黑色害虫。它们吸食月季新芽和花苞上的汁液。被它们侵食过的部位会逐渐枯萎。

叶蜂类(幼虫)
此类害虫分支较多,它们的外形、习性、发作时期、危害的植物各不相同。它们都是天蛾的幼虫,会给叶片带来严重的危害,会在春秋之间长期侵害植物。

抑制虫害发作的 3个要点（防虫关键）

只要稍加留心，就能降低虫害。为防止虫害大面积爆发、应对不暇，在平时就要在检查防治方面多下功夫。

Point1

清扫阳台

阳台的灰尘、枯叶里潜伏着叶螨，要经常清理。墙壁和地板的低洼处和缝隙中也是害虫的温床，要用清水大力冲刷干净。

Point2

多给叶片浇水

叶螨不喜潮湿，久旱无雨时就要冲刷叶片清除叶螨和介壳虫的幼虫。用水流较强的花洒或喷嘴冲刷树皮，这样驱虫效果更好。

Point3

喷洒药剂

在虫害发作前，用短效药或向害虫直接喷洒杀虫剂是无效的。要选择预防性好、长期有效的杀虫剂，并按说明使用。

抑制害虫繁殖的 2个关键点（驱除害虫）

经常检查植物就能尽早发现害虫、防止虫害扩大。害虫长得越大，其侵食植物的速度就越快。当它们长成成虫时，还会在植物上产卵。

Point1

尽早发现 一网打尽

凤蝶幼虫、茶毛虫、黄刺蛾等害虫多在一处产卵，孵化出来的幼虫会在短期内成群生存。在这个阶段可将它们的虫卵十分轻松地一网打尽。待幼虫长到处乱爬时就不好捕杀了，因此要将之"扼杀在摇篮中"。

Point2

用不同功用的杀虫剂猛烈出击

长期用同一种药剂会让害虫产生抗体，并逐渐失去效果。为此，最好同时混用 2 种杀虫剂。2 种杀虫剂的主要成分不能一致，否则无效。可以交互使用侵害害虫神经的化学药剂和能让害虫窒息的物理药剂，这样效果更好。

小常识

凤蝶幼虫的尾巴 为什么是翘起来的?

由于此类幼虫密集地群生在一起，如果被排泄物压住彼此的身躯，幼虫就会生病，所以它们会抬高尾巴去排泄。

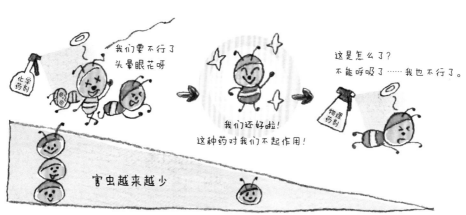

杂草篇

春季杂草会急速生长，雨后长势尤为迅猛，能够在眨眼间蔓延成片。杂草会成为害虫的栖身之所。

杂草的繁殖方式

杂草具有超强的繁殖能力。它们会散射发芽率极高的种子，向四周延伸根须。杂草的繁殖方式多种多样，只要了解它们的繁殖方式，就能有效地进行防除了。

Type A

用匍匐茎进行繁殖

匍匐在地面的茎和扩张在地下的茎都会结成密布的杂草连营。杂草大多植株低矮，想要斩草除根是非常困难的。

鱼腥草

问荆

对策

耐心地除去地上的匍匐茎，不给它们进行光合作用的机会，遏制其生长态势。如能挖掘泥土，彻底挖除地下茎，则效果就会更好。

Type B

喷射种子进行繁殖

杂草开花后结生的种子会向四周喷射，会被风吹得很远，它们能够以这样的方式来进行繁殖。像酢浆草等杂草既能用地下茎繁殖，也能用种子繁殖。

酢浆草

车前

对策

最好在开花前拔除杂草，等种子喷射后再去拔草就来不及了。当然，在拔除结籽的杂草时，种子也会掉落，并在泥土中生根发芽。

Type C

用草籽进行繁殖

长大后的杂草会占领更为广阔的土地。杂草长得越大，它的根就越粗，根须蔓延就越广。这样的杂草是会用结生出来的草籽来进行繁殖的。

早熟禾

魁蒿

对策

等杂草长大再拔除会比较麻烦，应趁早拔除。不能拔除的就要剪掉地上部分，抑制其光合作用，遏制其生长态势。

能够预防杂草生长的地砖的
美观铺设法

如果您嫌除草麻烦，还可以减少土地的暴露面积。最有效的方法是把砖瓦和石材铺在地面，不给杂草留下任何生长空间。巧妙地栽种覆盖力好的地被植物，不仅能防止杂草生长，还能构成美丽的园艺空间。

图为铺设着方砖的、很有韵味的石板路。这样的小路与植物相搭配，构成了质朴可爱的美景。

花园各处的常见杂草

生长在明处的杂草		生长在暗处的杂草	

生长在潮湿处的杂草

具芒碎米莎草
莎草科
繁殖方式 BC

紫花野芝麻
唇形科
繁殖方式 AB

红盖鳞毛蕨
鳞毛蕨科
繁殖方式 C

苔藓类
地钱科
繁殖方式 C

圆齿碎米荠
十字花科
繁殖方式 B

繁缕
石竹科
繁殖方式 A

鸭跖草
鸭跖草科
繁殖方式 A

蕺菜（鱼腥草）
三白草科
繁殖方式 A

生长在干燥处的杂草

禾本科杂草
禾本科
繁殖方式 ABC

车前科杂草
车前科
繁殖方式 AC

酢浆草
酢浆草科
繁殖方式 AB

北美刺龙葵
茄科
繁殖方式 AC

※ 阴暗干燥的地方寸草不生，所以也没有杂草

除草也要把握好时机

各种杂草均应在尚未长大前清除。但太小的杂草也不便清理，可在便于摘除时动手清理。雨后的泥土较为松软，此时是清理杂草的最佳时机。如果花园面积较大，也可以喷洒除草剂。

锋利的除草镰能迅速清除杂草，可常备一把镰刀。

可用栽种球根植物种球的园艺工具，挖出根深如蒲公英一样的野草。

可以保留观赏、开着美丽花朵的杂草

生有可爱花朵的杂草

有些杂草绽放的鲜花也很美丽，具有观赏价值。在不影响花园中其他花草的情况下，可以对其适当保留，感受它们的天然风情。

紫花地丁
堇菜科
紫花地丁是生长在向阳处的小型紫花堇菜。此花株高 7～10cm，以喷射种子的方式进行繁殖。

庭菖蒲
鸢尾科
这种杂草生有剑一样的叶片，花色为浅紫色。植株呈螺旋状生长，能向四周蔓延。株高 10～25cm。

匍茎通泉草
通泉草科
这种杂草生有淡紫色、白色、粉红色的花朵。由于为匍匐茎生长，所以在向阳处能蔓延成地被。株高 3～8cm。

白车轴草
豆科
这种杂草又名白三叶，花朵为白色圆形。在向阳处能生长成繁茂的地被。

春季才是除草的好时机

轻松清除 7 种顽固的杂草

杂草是除不尽的。它们是在严苛的环境中也能存身有术的生命力极强的植物。想拥有一个美丽的庭院，就要找到轻松的除草方法。以下是"DOIT 花木与野店"（埼玉县埼玉市）园艺博士柳下先生给我们的建议。

[监修] **柳下和之** 园艺师

家居中心"DOIT"的绿植贩售商，做过责任策划和同店花木与野店店长。拥有与植物、昆虫、农药等相关的丰富的园艺知识。

DOIT 花木与野店

埼玉县埼玉市中央区八王子 1-6-18
☎ 048-855-1639

影响花草生长的各类杂草

杂草只要一线阳光少许水分就能破土而出。如果对其放任不管，很快就能生长成一大片"草原"。杂草的无序生长不仅会影响花园的美观，还会阻碍日照和通风，给花草生长带来负面影响。杂草一旦成了"气候"就很难处理，应尽量在其占地面积小、数量少时将之清除干净。

和园艺花草一样，杂草也有一年生和多年生之分。一年生杂草多用种子繁殖，多年生杂草除了种子繁殖，还会在地下扩张根须，让植株长得更壮更大。各类杂草均应在其繁殖能力尚弱的春季除去，以便保证后期轻松作业。

下列是花园中常见的 7 种杂草以及清除方法。

让园主们头疼不已的 花园常见 7 种杂草

在庭院中经常能够看到生命力旺盛的杂草。这里介绍的是很难处理的 7 种杂草。只要控制住它们的生长，花园的打理就会容易得多。

① 蕺菜

三白草科　多年生杂草
喜欢在潮湿的背阴处生长，粗壮的地下茎会以迅猛的态势蔓延遍布。

② 酢浆草

酢浆草科　多年生杂草
会同时以弹射种子、伸长地下茎的方式占领土地。

③ 魁蒿

菊科　多年生杂草
根须会牢牢地抓住地表，把地下茎深深地扎在泥土里，必须要用力才能拔除。

7 种杂草的繁殖方式和清除方法

即便清除杂草，它们也会没完没了地割而复生。杂草之所以能百折不挠地顽固生长，是因为它们具有极其旺盛的繁殖力和生命力。以下介绍的是它们的繁殖方式和除草方法。

繁殖方式	种子繁殖（孢子）	地下茎繁殖
代表杂草	• 酢浆草 • 禾本科杂草 • 地钱	• 蕺菜 • 魁蒿 • 乌蔹莓 • 问荆 • 禾本科杂草
共同特性	• 繁殖周期循环和生长速度较快，萌生不久就能开花结籽 • 能够巧妙地把种子弹射得很远 • 埋在土里的种子寿命很长，能够长期休眠。它们不是同时发芽，而是会长期缓慢地发芽 • 只要有繁殖的可能，它们就能长期结籽	• 地下茎能够旺盛地生长 • 它们能用根、块茎、茎的切片进行繁殖有强大的繁殖力和再生能力 • 它们在深深的泥土中有休眠芽，只要环境适宜，随时都能发芽
除草方法	**在开花结籽前除草** 等草籽播撒之后再去除草，只怕为时已晚。要在开花结籽前除草。如果用带有种子的杂草做堆肥，那么杂草里的种子也会发芽	**连根铲除** 只除草是不行的，那样过不了多久杂草还会复生。只有连根拔除才能永绝后患。要在根须长长之前、杂草较为矮小时除草。所以春季是"斩草除根"的最好时节

④ 禾本科杂草

牛筋草　　升马唐

狗尾草　　早熟禾

禾本科

一年生杂草 / 多年生杂草

不同品种的杂草高矮有差，但它们都有繁殖期早的特征，且种子的繁殖力很强。

⑤ 问荆

木贼科　多年生杂草

这种杂草是用早春时生长的孢梗中的孢子和在地下扩张的地下茎繁殖的。

⑥ 乌蔹莓

葡萄科　多年生杂草

这种杂草伸展出的藤蔓会覆盖园艺植物，拔掉藤蔓就能切断地面的茎。

⑦ 地钱

地钱科

地钱生长在潮湿的地面和花盆表面。当它们在地面蔓延生长时，就会很难清除。

杂草图片提供者：彩虹制药厂、住友化学园艺

4 大除草利器

除草镰刀
单手抓住杂草的叶片，就能把杂草齐根斩断。

新月镰刀
单手抓住杂草，再用镰刀的长刃割草，这样可以割除株高较高的杂草。

园艺休息车
可以坐在小车上除草，以便减轻腰腿负担。小车的下方是收纳盒。

三角锄头
横放长柄拖拉锄头就能除草。还可以轻松地耕中等深度的土地。由于手柄很长，所以不必下蹲也能作业。

 不同杂草的除草要点和除草利器

为了更有效地除草，要慎重选择相应的除草方法和便利的工具。

蕺菜、魁蒿、乌蔹莓、大型禾本科杂草（芒草等）	问荆、地钱、小型禾本科杂草（早熟禾等）	所有的杂草
▼	▼	▼

剪去地上部分，再挖出草根

较高的杂草要用新月镰刀割掉，再用三角锄头刨除它的地下根。

连根拔起

地上部分较小的小型杂草要用除草镰刀或三角锄头将之连根拔起。

使用除草剂

只要喷洒些除草剂就能轻松解决杂草。这种方法适用于面积较大的花园。如果没时间打理花园，用除草剂除草是非常安全便利的方法。

小建议

怎样给不便喷药的乌蔹莓喷药

在拔除乌蔹莓地上部分的草叶时，其地下部分依然在土里。可以在夏季的开花期将之彻底铲除。如果给缠绕在树木上的乌蔹莓藤蔓喷药，就会把树木一起毒死。要把它的藤蔓从树上扯下来，再把药均匀地喷洒在叶片上。

 看污宝！

喷洒抑制杂草生长的抑草剂

在生有杂草的自然风景中，最好喷洒抑制杂草生长的抑草剂，这样能减少除草的次数。

有了除草剂，杂草易除去

花园面积太大，除草累得人腰酸背痛。
建议苦于除草的朋友们使用除草剂作业。
只要使用方法正确，除草剂就能轻松而彻底地除去杂草。
首先，让我们一起来确认除草剂的特征吧。

安全且效果好的除草剂

说到除草剂，很多人都能联想起含有二噁英的"枯叶剂"，并为此深感不安。但除草剂和枯叶剂完全是两种不同的东西。园艺店和家居中心出售的家用除草剂只要使用正确，就能安全有效地清除杂草。

最近较为常见的是用含有草甘膦和草氨膦的氨基酸类的除草剂。这种除草剂能够破坏对植物生长有帮助的产生阿米诺酸的酶，所以能够阻碍杂草生长并使之枯萎。而且，它对不含生成阿米诺酸的酶的人和动物是无害的。这样的除草剂即便掉落在土里，也会被土里的微生物分解成无害物质。此外，也有含有橙子、醋等天然成分的除草剂。由于除草剂种类繁多，使用前应确认其成分。

除草剂的选择要点

除草剂有多种类型，地点环境、喷洒方法、药剂有效期都各有不同。如果在除草后马上就栽种花草，就要选择短效除草剂。相反，想要长期抑制杂草生长，就要选择长效除草剂。给蔬菜除草只能用有可用于农耕用地专用标识的除草剂。只有明确使用目的，才能安全使用除草剂。

> 选择除草剂时需要事先确认的注意事项
> 1. 使用除草剂的位置和面积
> 2. 确认杂草种类
> 3. 除草剂的效果和药效持续期

【除草剂大致可分为 2 种类型】

类型 1
处理茎叶型除草剂

如果想让杂草迅速枯萎、除草后立即栽种花草、清除树下的杂草，就应该选择这种类型的除草剂。

【特征】

此类除草剂以液体、微颗粒等状态为主，将之喷洒在杂草的茎叶上，即可将之除去。这种药剂具有即效性，却缺乏持久性。没有持久性的药剂即便渗入土壤也会失效，不会被植物的根须吸收。因此，此类药剂适用来清除树下杂草，也可以在撒药后即刻种植花草。由于此类药剂是从茎叶渗透的，所以事先不需要割草。

※ 不同的条件也会影响除草效果

类型 2
处理土壤型除草剂

如果想长期抑制杂草生长，就应该选择这种类型的除草剂。

【特征】

此类除草剂以颗粒状药剂为主，也有液体和微颗粒药剂。把药剂撒到土壤里，让根须慢慢吸收，就能让杂草逐渐枯萎。由于药剂会在土壤里停留一段时间，所以持续效果较好，能长期抑制杂草生长。但颗粒或微颗粒在干燥的状态下不会发挥效用，下雨之后撒药效果更好。

一年之计在于春

春季是侍弄花草的好季节，可以趁此期间大修庭院。

以下是写给园艺新人的小贴士，精通园艺技巧的朋友们也不妨一起温故知新。

以铁线莲为例

科	*Ranunculaceae*	毛茛科
属	*Clematis*	铁线莲属
种	*armandeii*	（没有对应中文名）
品种	*Apple Blossom*	铁线莲"苹果花"

学名是用属名和种名表示的，所以写作
"*Clematis armandeii*"

做到下列 5 点就能让花草茁壮成长

修建花园首先要给植物创造一个适合生长的环境。因此在栽种花草之前，必须要了解花草的生长环境、自己花园的栽培环境、土壤情况、施肥方法、个人喜好 5 个方面。

植物是根据科名、属名、种名、品种进行划分的。同一分类的植物性质相似，所以植物的名称也是去了解其属性的一个线索，只要知道植物的名称，就能对它的特性有所了解。

花园的栽培环境和花园土质大多都不够理想，但这不是决定性问题。土质是可以改良的，且植物种类丰富，必然有能够适合您家花园土质的植物。精心栽培的植物一定能绽放美丽的花朵。让我们根据基本要点来做准备吧！

基本要领　栽培植物并不难，首先要做到的是知己（栽培环境）知彼（生长特性）。
因此，让我们从信息收集开始吧！

chapter 1

掌握植物的原生环境

再怎么喜欢的植物一旦不适应生长环境，就不能茁壮生长，甚至会枯萎死亡。在栽种某种植物前，一定要掌握它的原生环境。逐一确认其生长特性当然很重要，但首先要知道的是它的原产地和科名，这才是了解它的捷径。原产地的气候对植物来说是最为舒适的环境，同科植物基本都能适应相同的环境。知道这两条就能掌握植物的生长环境了。

（）内是原产地
例

下列多为耐干旱性强的植物

桃金娘科（澳大利亚、巴西等地）
景天科（墨西哥、南非等地）
马齿苋科（南非等地）
龙舌兰科（墨西哥、哥伦比亚等地）

下列多为耐干旱性差的植物

虎耳草科（日本、中国等地）
蕨类（日本、泰国等地）
龙胆科（日本、中近东等地）
报春花科（日本、地中海沿岸等地）

chapter 2　掌握花园和阳台的种植环境

要掌握自家花园和阳台的种植环境。日照时长、通风性、土壤状况是影响植物生长的基本要素。请对照下列清单，检查自家花园的种植环境。通过了解花园能够改善的地方和适合栽种的植物来大胆实践吧。

✓ **检查自家的花园种植环境**

- ☐ A 上午只有 3 个小时的日照
- ☐ B 下雨后次日地面才会变干
- ☐ C 花园西边没有建筑物和树木
- ☐ D 用锹挖土时有阻碍
- ☐ E 不能在花园中感受到吹来的凉风

A 表明花园日照不好
可栽种适合半日照或耐阴性强的植物。见→ *chapter* 5

B 表明花园的排水性差，
可加入腐叶土改良土质。见→ *chapter* 3 & 4

C 表明西晒严重，
可栽种耐强光的植物。见→ *chapter* 5

D 表明土壤里有石头等异物，
挖出石头、深耕土地，改良土壤状况。见→ *chapter* 3 & 4

E 表明花园通风性差，
可栽种喜潮湿环境的植物。见→ *chapter* 5

实践　终于到了实践环节！一起来学习调配土壤、施肥、选择植物的要领吧。

chapter 3　调配理想的土壤

土壤是影响植物生长至关重要的要素。让土壤把水分和养分直接输送到根部，是栽培植物的关键。透气性、排水性、保水性都好的土壤是栽种植物的最佳土壤。植物如果在没有上述性质的土壤中生长，根须就会呼吸不顺畅，最终烂根枯萎。另外，土壤保留肥力的能力也是很重要的评价标准。团粒结构的土壤与上述标准最为相符，是最理想的园艺用土。也应根据花草特性和栽培环境调配土壤。

何谓团粒结构？

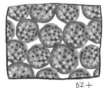 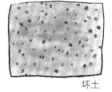

好土　　　　　坏土

颗粒状结成小块的土壤，颗粒间能透水透气，适合栽培植物的土壤即为团粒结构。

地栽

要尽量深挖泥土，清除掉土壤中的石头瓦砾。之后，要在土中加入石灰，把土壤调配成中性土，并搅拌均匀。为了让空气渗入土壤，要把土壤上下翻动。如果土壤的排水性或保水性差，就要加入腐叶土和堆肥，也可以添加专用的营养土。

为提高土壤的透气性和保水性可以加入腐叶土和堆肥。如果已经栽种了植物，那么就要在植物休眠的冬季进行配土作业。

常见的花盆

红陶花盆　　　　　　　　　**塑料花盆**

盆栽

花盆里的栽培土对排水性和透气性的要求特别高。可以根据植物特性，放心使用市售培养土。不同材质的花盆的保水能力不一样，要选择与之相配的土壤才行。

这是用黏土烧制的常见花盆。这种花盆虽然有点重，但孔洞多，透气性和排水性相对较好。

聚丙烯制塑料花盆　这种材质的花盆非常轻巧，适合摆放在阳台种花。但要注意的是，它的保水性相对较高。

聚乙烯制塑料花盆　这种材质的花盆保水性好且十分耐用，有红陶花盆一样的质感。

chapter 4 掌握施肥技巧

为了给花草及时补充生长所需营养，就要为其施肥。除了氮、磷、钾三大要素，钙、镁等之于植物的成长也是必不可少的。速效液体肥、缓释型固体肥、以植物为原料的有机肥、用化学物质合成的化学肥，各种肥料的形状、成分都不一样，种类繁多、可选择空间大。施肥的关键是要明确施肥目的、把握好施肥时机。需要特别注意的是，任何一种肥料都不能施加得太多。

植物生长必需三要素

氮（N）、磷（P）、钾（K）这三大要素能分别给植物的叶、果、根须的生长提供必要的养分。购买肥料时要确认各类成分的比例，根据植物的生长状况做选择。

基肥

基肥是栽种植物时掺混在土壤里的肥料。为了让基肥能长期给生长的根须提供养分，要选择缓释型肥料。有机肥的鸡粪、油渣，化学肥料的固体肥都可以做基肥使用。固体肥料能够缓慢溶解，并长期发挥效力。

追肥

基肥用尽时再补充的肥料是追肥。可以根据植物的性质和状态，施加速效性肥料。有机肥中的发酵油渣、化学肥料里的液体肥都是追肥。如果用缓释肥追肥，还可以减少施肥的次数，操作起来也十分轻松。

chapter 5 选择完全适合自家花园的植物

现在，我们终于可以来挑选适合庭栽的花草了。为了常年能有花草为伴，不仅要参考花园环境，确认种植环境清单，还要考虑养花人的生活方式。不能因为生活节奏快或懒惰就放弃打理花园。不需要移栽的宿根植物和不断绽放的一年生草本植物也有很多，您一定能找到适合自家花园和您的生活方式的心仪植物。

常绿植物

落叶植物

宿根植物　一年生草本植物

一年生草本植物

在1年之内完成发芽、开花、枯萎等生理周期的植物是一年生草本植物。因为此类植物到了秋季就会枯萎，所以不少品种的植物在花期会多多开花。花苗和种子在园艺店多有出售，价钱也非常亲民。三色堇、牵牛花、矮牵牛都是一年生草本植物。

宿根植物

冬季时植株不会枯死，明年春天还会再次开花的植物是宿根植物。宿根植物可分为地上部分枯萎、只有地下根过冬的品种，以及地上部分常绿的品种。由于宿根植物能存活多年，所以不必年年打理，非常省事。玉簪、铁线莲等都是宿根植物。

左起依次为常绿、落叶植物和一年生草本植物在冬季时的状态。要想全年美景不断，就要学会合理搭配这三类植物。

抓起花苗，松动其土坨底部。如果土坨太硬不能松动，可以用铲子铲断部分根须。

重在选苗

把生长到一定程度的花苗栽种在花园里是打造花园的捷径。可以从园艺店里买花苗迅速栽种。把花苗从育苗钵里取出来时，如果土坨底部生有一层"白垫"，就说明根须过密、盘错丛生。这时就要给根须"松松筋骨"，把它们从拥挤的状态中解救出来。

再次观赏球根植物

郁金香、水仙等肉多叶厚的植物都是球根植物。胖胖的种球能积聚很多营养，只要把它栽种在土里，就能绽放出美丽的花朵。易于打理也是球根植物的魅力所在。花谢后可以根据各品种的特性考虑是将之埋在土里过冬，还是将之挖出来保管。这样一来，第二年的园艺工作也会很轻松。夏秋两季，球根植物会绽放华丽的花朵，能让暑气袭人的花园里的气氛瞬间明亮起来。

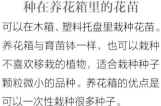

2～3 个种球累加深度

要把种球埋在距离地表 2～3 个种球深的位置。春季栽种种球时是需要追肥的。

从播撒种子开始培育花苗

如果想体验一个完整的植物生长周期，可以从播种开始尝试挑战。很多珍稀品种的植物都是只能用种子进行繁育的，所以从发芽开始育苗更能加深对花草的感情。夏秋开花的植物要在春季播种，春季开花的植物要在秋季播种。一年有 2 次播种的时机。当长出 2～3 枚叶片时，可以把花苗移栽到定栽位置。有些花苗不喜移栽，栽种时要多加注意。

第 1 类　不能移栽的类型

直接播种的类型
豆科、十字花科等植物

直接播种是把种子直接播撒在栽种位置。不分根的直根性植物如果移栽就会伤根，且很难再生，可以用这种方法进行栽种。浇水时不要让水把种子冲走。

在地面直接栽种

当花苗生出 2~3 枚叶片时，可以保留茁壮的花苗，拔除瘦弱的花苗留出间距。应多多播撒种子。

第 2 类　可以移栽的类型

种在育苗钵里的花苗

可以将不喜移栽的种子栽种在育苗钵里，等花苗长大后再做定栽。由于育苗钵方便移动，所以便于移动到光照充足的位置。

栽种在育苗钵

育苗钵可以保证植株根须的生长环境，待花苗长大些时再做移栽。在没有确定栽种场地时，将花苗栽种在育苗钵里十分便利。

种在养花箱里的花苗

可以在木箱、塑料托盘里栽种花苗。养花箱与育苗钵一样，也可以栽种不喜欢移栽的植物，适合栽种种子颗粒微小的品种。养花箱的优点是可以一次性栽种很多种子。

栽种在花箱

当花苗生出 2~3 枚叶片时，可以选择茁壮的花苗在花盆或花坛里做定栽。在移栽时，为了保证土坨的完整性，可以用筷子夹取花苗。

春季打理也来得及！改良土壤

调配土壤的基本原理与方法 美丽的花园从"土"开始

花草长势不旺，怎么养都不生根。

如果您的花园也有这种问题，则表明栽花种草的基础——土质有问题。

很多人即便知道土质好的重要性，也因为嫌改良作业麻烦而迟迟不肯行动。

不妨趁此机会，认真学习一下土壤的改良方法。

监修 / 山浩美（园艺师）

惠泉女学园大学外聘讲师，经常给园艺杂志投稿，著有《初识宿根植物》（讲谈社）等作品。
1 级园林施工管理技师兼高濑计划室代表董事长

您的花园有下列问题吗？

- ☑ 大雨过后，花园泥土的湿气不会快速消退
- ☑ 进行园艺作业后，锹和铲子上会沾上很多泥土
- ☑ 某些地方的植物总是容易枯萎、生病

Check Point

▼

如果有上述状况，则表明土壤很可能有问题。
您必须为花草提供优质的土壤才行！

土地贫瘠才会出现土质黏、土壤结块、土质恶劣等问题。为花园的土壤倍感苦恼、不了解土壤状况的花友们首先要检查花园的情况。无论花园是什么土质，都一定能栽花种草。只要了解让植物旺盛生长的土壤环境和改良土壤质量的正确方法就没问题了。

什么样的土壤最适合花草生长？

　　土壤的作用是让支持植物生长的根须充分扩张，通过根须向植物提供水分和营养。为了让植物保持活力，就必须给植物提供合适的土壤。

　　不同植物需要的土壤也不一样。好土壤的首要特征是持有颗粒结构。颗粒结构是指以黏土为核心，土壤的小颗粒和腐殖有机物（有机物部分分解成为土壤的一部分）相混合，结成小块固体的土壤结构。这种结构能让土壤颗粒保持适当的间距，让水和空气顺利渗入土壤，形成利于根须生长的理想环境。另外，肥沃、腐殖质多、酸碱度为中性（弱酸性 pH6.5 ~弱碱性 pH7.5）、不含工业废弃物等对植物生长有害的物质的土壤就是好土。

　　为了让植物茁壮成长，土壤的物理状态、成分的均衡程度、土中生物的活性度三方面都需要考虑。只有各方面都能保持平衡的土壤才是拥有颗粒结构的最佳土壤。另外，为了让土壤长期保质，必须经常耕地、时常打理。和栽种植物一样，耕地也可以把土壤改良成能为花园中植物生长提供营养的优质土。

调配土壤的3大要素

物理土的状态

土壤的硬度、重量、排水性、透气性都是可以从外观判断土质的标准。土壤是根须吸收水分、养分的重要保证。耕地也能有效改善土壤中生物的活性度。

**维持3要素的平衡
是非常重要的**

土壤中生物的活性度

生存在土壤中的蚯蚓、蟆蛄等昆虫和微生物是改良土质必不可缺的存在。它们以土壤中的有机物为食，通过分解有机物，保持土壤的颗粒结构，能够让根须吸收营养。

土壤成分的平衡

根据氮、磷等土壤中自带成分，从酸土等化学层面来分析土壤成分的平衡性。日本的土质本就是弱酸性，酸雨更是加强了土壤的酸度。可以用土壤酸度计测量土壤的 pH 酸碱度。

常见的 3 种恶劣土质

对照上一节，下面列举了 3 种不利于植物生长的劣质土壤及相应的改良方法。

Type1 　　土质硬
铁锹不容易插入的土地

土壤团粒结构无序、根须不能顺利伸长、植株扎根不稳牢

这种土质会给植物带来怎样的负担？

土质太硬的话，植物就无法伸展根须，不能茁壮成长。而且，土壤颗粒密集的状态也不方便空气和水分渗入。因此，水分和养分就不能被根须充分吸收。

Rescue

改良方法
添加有机质、仔细耕作

　　首先对土地进行深度耕耘，让空气渗入土地。向每平方米的土地里加入 10L 腐叶土或堆肥等有机质，把土壤变得松软。在近期不栽种植物的土地里还可以多加一些有机肥。

　　如果某片土地从未栽种过花草，那里不仅土质硬、土里还会有水泥块和石头等杂质。在这里建造花坛时，首先要清除杂质，加入黑土和赤玉土做基土，之后要混入 3 成的有机质来改善土质。

Type2 　　沙质土
土壤颗粒大而粗糙

水分和养分都难以保持

这种土质会给植物带来怎样的负担？

和黏质土相反的是排水性极强的沙质土。这种土质不利于保存水分和养分，土壤无法给植物的生长提供保障。而且，夏天时由于沙质土容易干燥，还会导致植物缺水死亡。

Rescue

改良方法
添加基础土、提高土壤的保水性

　　有人认为要想改良沙土就要多加黏土，但这样只能调配成"混凝土"。要想调配出松软且保水性好的土壤，就要施加堆肥等有机肥来进行改良。要在每平方米的沙质土中加入 5L 基土（黑土、赤玉土），再加 5L 有机质。混合后向土里加水，再抓上一把试试软硬程度。如果能捏成土团，则证明改良成功。如果还是不成形，则证明还是要再加有机质。

Type3 　　黏质土
土壤的手感黏糊糊

根须无法呼吸、容易烂根

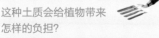

这种土质会给植物带来怎样的负担？

用锹挖土时如果土黏在铁锹上，则说明土壤为黏质土。这种土壤的排水性很差，水会积存在土壤中。植物的根须在这样的环境中不但不能生长，还会因为无法吸收营养而枯萎死亡。这种土壤会滋生苔藓，影响花草生长，且耕耘难度越大的土地其地表就越是坚硬难耕。

Rescue

改良方法
使用改善排水性的素材或创造利于排水的环境

　　仔细耕地，在清除瓦砾和石头之后，在每平方米的土地中加入 5L 有机质，让土壤变得松软。再在每平方米的土地中加入 5L 以上的珠光体、蛭石等多孔质（像海绵一样孔洞多多、表面积大的构造）物质来改善土壤的排水性能。不过，这样的作业不可能一劳永逸，要长期坚持才有效。同时，要给地面设计出便于排水的环境，这样才能有效改良土壤。建造花坛的话就要设置防止土壤流失的栅栏，垒砌 30cm 高的基座，向花坛里填入新土，让排水变得更加通畅。此外，在花坛四周的地下设置排水管和暗渠也是改善环境的好办法。

让花土保持品质优良
——维护的技巧和要点——

良好的土壤 × 美丽的花园

一次性的土质改良并不会恒久有效。土壤与植物一样，都需要精心养护才能变坏为好。本节介绍的是维护土壤品质的基本耕作方法和操作方法。

耕耘方法

根据花草移栽的生长周期进行土质改良

能够耕耘、改良花园土壤的时机不仅限于花草生长的淡季。勤恳地反复耕耘土地也是改良土质的捷径。可根据花草的生长周期对土壤做定期维护。一年生草本植物的移栽期、不必费心打理的宿根植物可以随意挪动其花根的时期（休眠期或分株期）都可以做土壤维护。不同花草的生长周期是不同的，要根据各自的生长周期来改良土壤。

● 一年生草本植物
——花期结束后（5月下旬~6月、11~12月）
● 宿根植物
——3~4月上旬（花期在夏~秋的植物）
——9月下旬~10月（花期在春季的植物）
——11月（花期在夏~秋的植物）

把土壤上下翻动

除了根须向地下伸长的植物和像百合一样需要深埋的植物，一般花草的耕种深度为30cm左右。耕耘的要点是要让土中渗入空气，让水分和养分均匀地混合在一起。就像拌腌黄瓜一样把土壤上下翻动。翻地时可使用尖头锹，锹的金属部分和翻地深度等同（约30cm），所以方便作业。

翻地
把地表土和地下土翻动调换位置。栽种的植物会把泥土中的养分吸走，这会让土地变得贫瘠、结块，透气性和排水性变差。为此，可在1~2月的严寒期进行翻地作业，这样还能冻死土壤中的害虫、消灭病原菌。

约30cm

土壤的养护　关于土壤的常见问题和必知养护方法

为避免虫害，要及早预防
发现害虫怎么办

土壤中生存着各种害虫。为尽可能地防患于未然，要在购买花苗时检查花盆内是否有害虫。虫害只要发生过一次，则次年也会复发。要特别留意花苞，侵食新芽的墨绿彩丽金龟的幼虫会潜藏在花苞之上。放任不管只会让虫害日益严重，花草备遭摧残，所以见到害虫要立即捕杀。

连续栽种同一种植物时的注意事项
连作问题

常年在一块地栽种同一种植物，植物就会持续吸收土壤中的某一种养分，并从根部排出某种成分影响土质。这种情况引发的植物长势衰退的现象叫作连作问题。蔬菜更容易出现此类问题。最好不要在一片土地上反复栽种同一种蔬菜。可以通过翻地、追加有机质来改良土质。

---

column

不撒药剂的季节作业
【盛夏·寒冬篇】

如果土地过于潮湿而病虫害频发，就必须对土壤进行消毒，有时还要向土壤中喷洒药剂。但不用药也能达到消毒的目的，可以利用冬季、夏季的气温来杀菌除虫。

盛夏
【日光消毒】
把潮湿的土壤装进透明的塑料袋里，把厚10cm的土壤口袋平放在水泥台、柏油路上，封口，让口袋里的温度在夏日阳光的照射下高达60℃以上。要把口袋两面都晒到，这样才能杀虫除菌。

寒冬
【低温冷冻】
冬季时可以把土壤翻起来，在寒风中猛吹，这样就能冻死土里的病菌、害虫、虫卵。可在1~2月时翻地，以便杀菌除虫、改良土质（增强其透气性、排水性）。

主要土壤&改良素材一览表

下文用一目了然的雷射图介绍了主要的土壤和改良素材。您可以参考说明，寻找适合您花园土质的改良素材。

图例

1 差（重）　　2 中　　3 优（轻）

改良素材
腐叶土

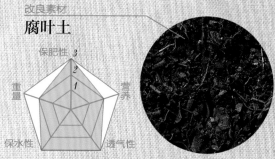

这是用腐熟的树叶制成的土。可将之加入花箱和花坛中使用。注意，不完全腐熟的腐叶土会烧伤植物的根须，应多放些时日，待完全腐熟后使用。

改良素材
珠光体

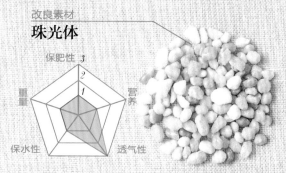

这是把珍珠岩粉末在 900~1000℃ 的高温下急烧而成的素材。它的表面有孔洞且质地轻巧，可以改善土壤的排水性、透气性。

改良素材
堆肥

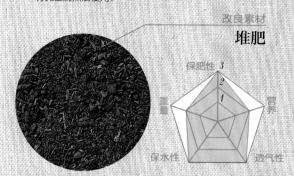

把落叶、树皮、秸秆等植物原料加水，使之腐烂、发酵而得到的肥料就是堆肥。可根据原料成分不同分为树皮堆肥、牛粪堆肥等若干种类。市售堆肥的成分配料因生产厂家而异。

改良素材
稻壳炭

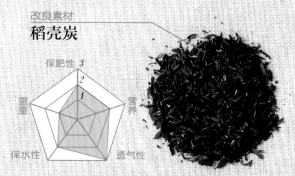

这是蒸烧过的碳化稻壳。由于它能改善土壤的透气性，所以可掺混在黑土等基土里。炭还有防止植物根须腐烂的成分。

改良素材
椰子壳纤维
（椰子泥炭）

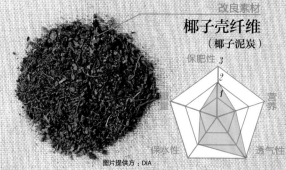

图片提供方：DIA

这是用椰子纤维经数年腐熟后制成的素材。它虽然形似泥煤苔，但价格低廉且纤维更加结实。由于它的保肥性好，所以成了近年来园艺市场的人气素材。它的保水性、透气性好，可与腐叶土、堆肥同时使用。

用土
赤玉土（中粒）

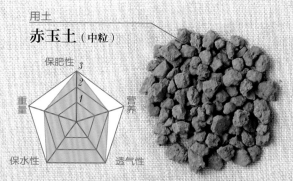

赤玉土是从赤土中分离出来的大颗粒土。它能让颗粒结构的赤土的排水性和透气性变得更好。不过，长期使用的话赤玉土的颗粒会变小，建议在土中加入三成的有机质。

用土
黑土

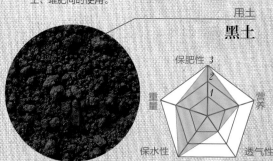

日本的黑土来自 1 万多年前富士山反复喷发时飘落下来的火山灰，是关东地区较为常见的园艺土。黑土富含有机质、保水性好、不黏密便于耕种，是栽种植物的优质基土。

Original Japanese title:Tips and Techniques by Professionals for Beginners

Copyright © 2016 MUSASHI BOOKS

Original Japanese edition published by MUSASHI BOOKS

Simplified Chinese translation rights arranged with MUSASHI BOOKS through The English Agency (Japan) Ltd. and Shanghai To-Asia Culture Co., Ltd.

本书由 FG 武藏授权机械工业出版社在中国大陆地区（不包括香港、澳门特别行政区及台湾地区）出版与发行。未经许可之出口，视为违反著作权法，将受法律之制裁。

北京市版权局著作权合同登记 图字：01-2019-5016 号。

鸣谢

Innocent Garden
千叶县流山市东深井 534-2

空间创造工坊工艺师朴
埼玉县川越市下宏谷 332-17 森风叶 A-2

Nora

Weekend's+Ladybirds

玄藩农庄
埼玉县加须市大越 865

HyponexJP

花工坊拉拉俱乐部
岩手县岩手郡零石町长山七田 27

上野农庄
北海道旭川市永山町 16-186

京王花园 ANGE
东京都调布市多摩川 4-38

玫瑰之家
埼玉县北葛饰郡杉户町堤根 4425-1

EXTERIOR 风雅舍
兵库县三木市志染町御坂 1276

铃木造园土木
茨城县筑波市寺具 1011-1

花卉黑田园艺
埼玉县埼玉市中央区円阿弥 1-3-9

GARDEN SOIL
长野县须坂市野边大学 581-1

住友化学园艺

横滨英式花园
神奈川县横滨市西区西平沼町 6-1 tvk ecom 公园内

球根屋 .com（河野自然园）

DOIT 花木与野店
埼玉县埼玉市中央区八王子 1-6-18

木心
埼玉县比企郡都几川町番匠 824-1

丰田花园园艺博物馆花游庭
爱知县丰田市大林町 1-4-1

Rainbow 制药

图书在版编目（CIP）数据

专家写给初学者的园艺技巧 / 日本FG武藏编；袁光等译.
— 北京：机械工业出版社，2020.6（2023.7重印）
（打造超人气花园）
ISBN 978-7-111-64662-4

Ⅰ.①专… Ⅱ.①日… ②袁… Ⅲ.①园艺 – 基本知识
Ⅳ.①S6

中国版本图书馆CIP数据核字（2020）第022516号

机械工业出版社（北京市百万庄大街22号　邮政编码100037）
策划编辑：马　晋　责任编辑：马　晋
责任校对：聂美琴　责任印制：常天培
北京宝隆世纪印刷有限公司印刷

2023年7月第1版第3次印刷
187mm×260mm·6印张·135千字
标准书号：ISBN 978-7-111-64662-4
定价：49.80元

电话服务　　　　　　网络服务
客服电话：010-88361066　机 工 官 网：www.cmpbook.com
　　　　　010-88379833　机 工 官 博：weibo.com/cmp1952
　　　　　010-68326294　金 书 网：www.golden-book.com
封底无防伪标均为盗版　机工教育服务网：www.cmpedu.com